DIE DUCATO STORY

ALLES ÜBER DIE KULT-MOBILE VON FIAT

CHRISTIAN STEIGER / THOMAS WIRTH

Motor buch Verlag

Kein Auto, ein Konzept

Vier Jahrzehnte Fiat Ducato

Schon sein Name sagt alles: Ducato, das war jene legendäre Goldmünze Europas, auf die über viele Jahrhunderte Verlass war. Sie galt als feste Größe und stabile Währung in unsteten Zeiten, bei sich ständig verlagernden Machtverhältnissen und volatilen Wirtschaftsstrukturen. Der Dukat war so etwas wie ein internationaler Standard, auf den sich alle einigen konnten. Eine Währung, die dem Handel auch in schwierigen Phasen eine sichere Option gab.

Das war also der Name, den Fiat sich vor vier Jahrzehnten ausgesucht hatte. Er drückte den eigenen Anspruch aus, klang ziemlich selbstbewusst und zeigt sich in der Retrospektive dann nicht einmal als maßlos: Der Ducato reduzierte seine Rolle nicht darauf, einfach ein sauber konstruiertes leichtes Nutzfahrzeug zu sein. Von Beginn war er das Ergebnis eines groß und strategisch angelegten industriellen Konzeptes.

Der Ducato entstand als Teil der Società Europea Veicoli Leggeri, kurz SEVEL genannt, ein 1978 gegründetes Joint Venture von Fiat Auto und der PSA-Gruppe, in der Citroën und Peugeot zu Hause waren. Diese konzertierte Aktion führte dazu, dass es nicht nur einen Fiat Ducato gab, sondern auch einen Citroën C25, einen Peugeot J5, einen Talbot Express und einen Alfa Romeo AR6. Bis auf die Motoren, die Logos und etwas Ausstattung traten diese Modelle weitgehend baugleich auf. Heute, unter dem weit gespannten Stellantis-Dach, ergänzen der Opel Movano und der RAM ProMaster die Familie. Längst zu Ende geschrieben sind dagegen die Kapitel der Vans von Alfa Romeo und Talbot.

Nur einer aus dieser Familie hat es zur Ikone geschafft: Allein der Ducato besaß den langen Atem, die gesamte Geschichte zu erzählen. Er zeugt noch heute von der Idee, dass ein gemeinsames, großes Konzept viel besser greifen kann als individualisierte Insellösungen. Doch der Ducato hat nicht nur in Themenfeldern wie Produktionssynergien, Skalierung und Marketing Zeichen gesetzt, sondern war stets auch programmatisch ein Vorreiter: Von Beginn trat er als Fronttriebler an, besaß eine hochgelegte Schaltung, die einen freien Durchgang ermöglichte, und eine Handbremse, deren Betätigungshebel außen saß, statt in der Mitte zu stören. Als Option kam er früh mit drehmomentstarken, schnellen Turbodieselmotoren, die einen effizienten Betrieb auch bei hohen Lasten sicherten. Zu seinem Erfolg gehörte schon früh eine maximale Karosserie- und Aufbauvielfalt, es gab ihn zum Beispiel als Windlauf mit Karosseriefront oder gar nur als minimalistischen Triebkopf – je nach Zählweise sind es heute um die 17.500 Versionen, die im riesigen süditalienischen Werk SEVEL gefertigt werden können. Täglich sind es bis zu 1200, die hier das Band verlassen.

Der Ducato hatte früh um freundliche Aufnahme in der Welt der Reisemobilproduzenten geworben, mit Erfolg. Ihm gelang das zu einer Zeit, in der noch lange nicht erkennbar war, zu welchen Zahlen und welcher Größe sich diese Branche aufschwingen würde. Längst trifft niemand mehr im SEVEL-Verbund eine Entscheidung, ohne genau abzuklopfen, was die Reisemobilindustrie dazu sagt.

Es ist nicht allein diese große Zahl, die hier wichtig ist. Auch das Image des Fiat Ducato formte sich über diese Branche. Reisemobile haben enorme Lebenszyklen, die ein Vielfaches des im gewerblichen Bereich üblichen betragen, und sie bauen auf deutlich höhere emotionale Bindungen zum Auto. Natürlich ist es kein Zufall der Geschichte, dass dieser Erfolg

Alltagsheld und Abenteurer Der Fiat Ducato zeigt sich mit seiner markanten Front heute unverwechselbar

auch eintrat. Während sich andere Hersteller bei der Planung ihrer Aufbauten damit begnügten, dass sie problemlos Europaletten schluckten, war die Ducato-Karosserie von Beginn an so kastig-geometrisch geformt, dass im Heck Erwachsene auch quer schlafen konnten. Diese optimale Raumausnutzung gelang nahezu keinem Modell des Wettbewerbs.

Mit viel Kalkül, einem Masterplan und kontinuierlicher Weiterentwicklung steuerten die Ducato-Verantwortlichen einen Erfolg an, der in der Nutzfahrzeugbranche kaum Vergleiche kennt. Der Ducato hat nun vier erfolgreiche Jahrzehnte hinter sich. Es wird spannend zu sehen sein, wie ihm die Transformation in eine neue Epoche gelingen wird. Sicher ist: Leichte Nutzfahrzeuge wird es noch lange geben. Auch wenn andere sich längst warmgelaufen haben, hat der Ducato aktuell noch genug Vorsprung, um die Spitze zu verteidigen. Leicht wird das jedoch nicht werden.

Impressionen 6

Der Ducato heute: Universalist mit Kultfaktor 24

Fiat-Nutzfahrzeuge: Möge die Fracht mit dir sein 38

Allianzen, Werke und Produktionen:
Das Werden der Transporter-Dynastie 54
Ram ProMaster: Dieser Meister kommt aus Mexiko 68

Fiat Ducato Typ 280 und 290 (1981–1994):
Die neue Währung 74

Fiat Ducato Typ 230 und 244 (1994–2006):
Das Eckige muss ins Runde 96

Fiat Ducato Typ 250 (seit 2006):
Die Trilogie des Logischen 118

Gebrauchte Ducato-Wohnmobile:
Camper mit Erfahrung 140

Ducato für Selbstmacher – Wartung, Pflege, Reparatur:
Ein bisschen was geht immer 168

Individualisieren und Optimieren:
Jetzt mache ich ihn besser 188

Individuelle Ausbauten: Wohn' doch, wie du willst 204

Business Caravaning mit dem Ducato:
Die neue Work-Camp-Balance 212

Technische Daten 220

Als die 1980er noch jung sind, startet der Ducato als Typ 280 in die erste Runde seiner Karriere. Nicht nur Wohnmobilhersteller greifen gerne zum neuen Italiener, auch Handwerk und Gewerbe gefallen die vielen Möglichkeiten. Ein Fünfganggetriebe und Frontantrieb setzen neue Standards in der Klasse.

BÄCKER
Barciss
14
t 1.55

Die kurzen Ducato-Versionen lanciert Fiat im März 1989 als Talento. Im Prinzip folgt er dem Fiat 900 nach, fällt jedoch deutlich größer aus. Als sein Nachfolger startet 1996 der Fiat Scudo, den wiederum 2016 ein neuer Talento ablöst. Mit dem Ducato hat der jedoch nichts mehr zu tun.

Talento
Talento

Ein Bergidyll mit spazierender Kuh aus dem Jahr 2002: Vor dem so aufwendig wie innovativ designten Hymer Exsis lässt es sich entspannt picknicken. Der Ducato bietet die solide, bewährte Basis auch für mutige Ideen und spannende neue Konzepte.

HYMER
EXSIS

Mit einer geschlossenen Front zeigt sich der ab 1994 gebaute Typ 230 aus der zweiten Ducato-Generation. Auch er läuft wieder in zahllosen Varianten im süditalienischen Werk SEVEL vom Band. Die Zahl der Varianten nimmt weiter zu – die Doppelkabine mit Pritsche zeigt eine der vielen Spielarten des Nutzfahrzeugs.

Als praktischer Shuttle dient die Panorama genannte Kleinbus-Variante des Fiat Ducato. Seine neue, wieder etwas traditioneller gezeichnete Front mit klassischem Kühlergrill erhält er im Februar 2002.

BX 824 YS

Ab 2015 lässt sich der Ducato Natural Power bestellen. Sein Drei-Liter-Vierzylinder läuft regulär mit CNG, also komprimiertem Erdgas. Weil entsprechende Tankstellen hierzulande jedoch rar sind, setzt sich diese Alternative nicht durch.

BÜRSTNER
Erdgas-Wohnvan
Blue flame
green trip

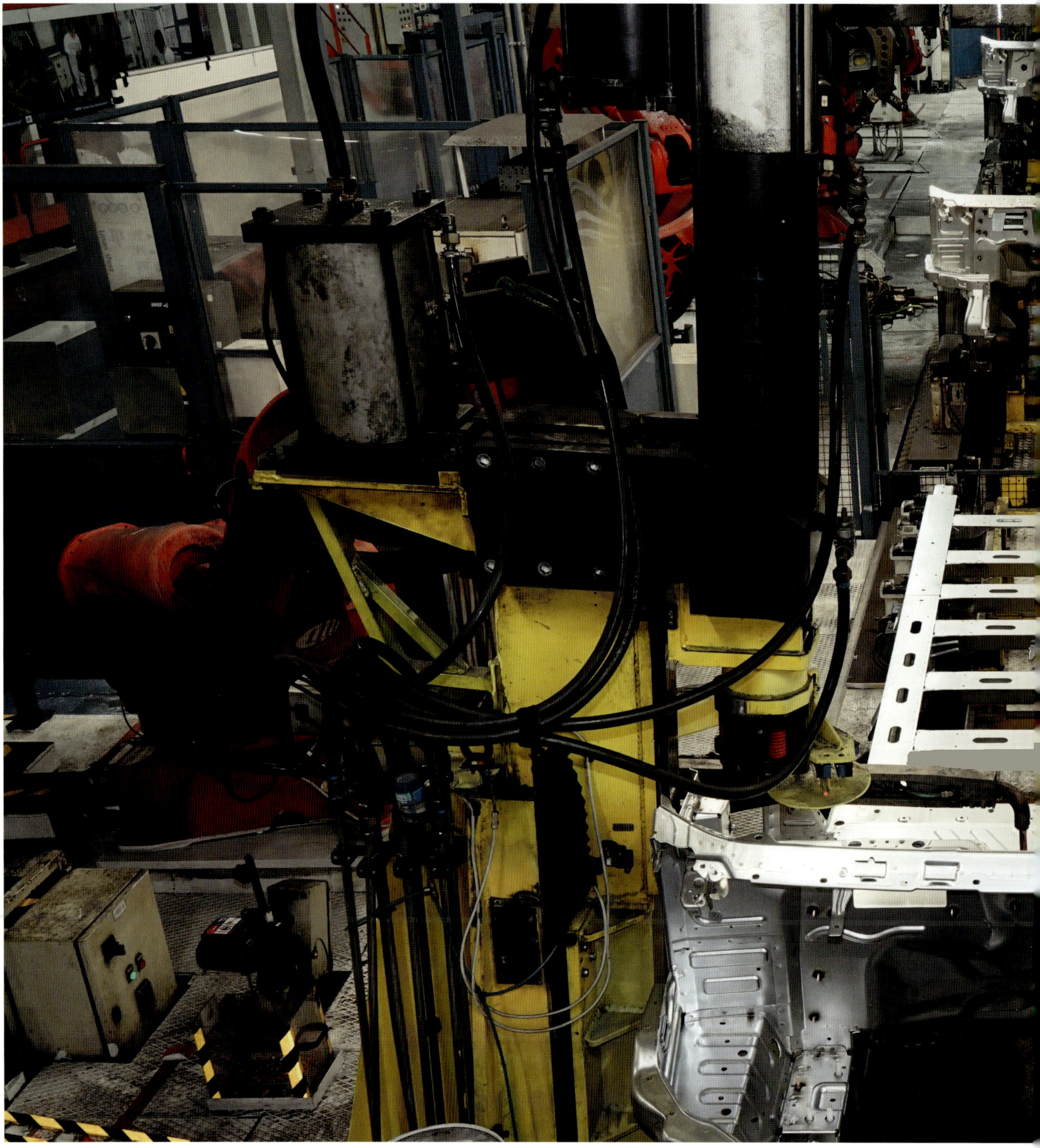

Hochautomatisiert fertigt das Werk SEVEL in den süditalienischen Abruzzen jedes Jahr einige Hunderttausend Ducato-Exemplare. Auch die Schwestermodelle wie Citroën Jumper und Peugeot Boxer laufen hier vom Band.

COMAU

Einer wie der Knaus Sun I 900 tritt an, die Grenzen des Machbaren auszuloten: Mit 8,82 Meter Länge, 4,2 Tonnen Leergewicht und 178 PS streckt sich der Fiat Ducato bis an die Decke, um maximalen Luxus für unterwegs zu bieten.

Die Elektro-Offensive des Fiat Ducato startet 2021 mit einem breiten Angebot an Varianten, jedoch auch hohen Preisen. Zielgruppe sind ausschließlich gewerbliche Nutzer. Für die Reisemobilbranche genügt die mögliche Reichweite noch nicht.

FX-943HL

Universalist mit Kultfaktor

Ein Treffen mit Ducato-Designer Nico Schminke

Wer ist dieser Ducato? Es scheint tatsächlich, er sei ein Alleskönner. Dieses große Wort hängt dem Fiat Ducato an. Es sagt alles und sagt nichts über ihn, der seit über 40 Jahren als Universalist die leichte Nutzfahrzeugklasse mit seinem Erfolg formt. Unübersehbar prägt er unseren Alltag in Europa. Doch auf der Suche nach seinem wahren Wesen mag es helfen, ein Stück zurückzutreten. Vielleicht gelingt dann ein freierer Blick auf dieses so vertraute Gefährt.

Ortstermin in Mirafiori, Turin. Auf diesem riesigen Werksgelände, wo einst das industrielle Herz von Fiat schlug, findet sich heute neben Abarth das multifunktionale Museum Heritage HUB und das Fiat Centro Stile. Das ist die Heimat von Nico Alexander Schminke, einem 1975 in Leipzig geborenen Designer, der sein Studium an der Fachhochschule Anhalt am Bauhaus Dessau absolviert hat. Seit 2017 arbeitet er hier in herausragender Position: Er ist Head of Design bei Stellantis Professional Vehicles für Fiat und Opel. Und er hat eine Reisemobilvergangenheit: Seine Karriere hatte Schminke 2002 im „hymer idc innovations- und design-center" in Pforzheim begonnen. 2008 wechselte er zu Fiat.

Der Ducato und das Wohnmobil, das ist eine Liasion von Beginn an. Eine ernste Beziehung, vielleicht sogar eine strategisch eingefädelte Vernunftehe und keinesfalls ein Zufall. Wie wichtig den Ducato-Planern der Markt für Freizeitmobile ist, bringt Nico Schminke direkt auf den Punkt: „Er ist fundamental." Daneben gibt es zahlreiche weitere wichtige, höchst unterschiedliche Branchen als Zielgruppe.

Nico Schminke Der gebürtige Leipziger steuert das Ducato-Design

Sie reichen von Handwerkern über Lieferdienste bis hin zu kommunalen Kunden, und sie alle greifen gerne und häufig zum Ducato. „Doch die Campingindustrie ist grundlegend bei allen Projekten, über die wir nachdenken", sagt Schminke, „sie ist der wichtigste Partner für uns."

Das sagt er nicht nur, weil er im Ducato auch selbst den Abenteurer und Weltenbummler erkennt. Er spürt aus professioneller Sicht den Wünschen seiner Kunden nach, die sich in manchem Anspruch deutlich unterscheiden von denen gewerblicher Käufer. Dazu kommen die Vorgaben lokaler Märkte, spezifische Nutzungsprofile, klimatische Unterschiede und regulatorische Vorgaben: Für einen Fahrzeug-

„Ich bin selbst Camper, und ich bin beruflich mit Reisemobilen aufgewachsen. Mich macht es glücklich, in Sachen Design das hoffentlich beste Produkt zu liefern."

Die Evolution Mit hohem Anspruch an Form und Funktion tritt der aktuelle Fiat Ducato an, seine führende Rolle zu verteidigen

Großes Erbe Nico Schminke arbeitet seit 2008 im Fiat Centro Stile

designer sind das viele, sehr viele lose Enden, die am Ende in einem Fahrzeug zusammenfinden, das alles können soll: Die Ansprüche und Aufgaben, die der Ducato zu erfüllen hat, sind gewaltig.

Moderat moderner

Im Jahr 2021 trat der Ducato überarbeitet an. Sein neues Gesicht? Bekannt, doch nun schärfer geschnitten, kaum Rundungen, aber auch nicht aggressiv – eine behutsame Korrektur, keine Neudefinition. Von seinem Vorgänger unterscheidet er sich mit einem neuen Kühlergril samt frischem Markenzeichen. „Das neue FIAT-Script-Logo ist ein deutliches Signal in unserem Markenbewusstsein", sagt Schminke: „Es zeigt, wofür wir stehen." Jeder Fiat trägt künftig dieses Logo. Dazu kommen als Option Voll-LED-Scheinwerfer, die mit 30 Prozent mehr Licht die nächtliche Straße fluten. Das ist eines der Beispiele für einen solchen Spagat zwischen zwei Welten. Der Ducato muss als robuster Lastesel fürs Gewerbe wie als anspruchsvolles Urlaubsmobil gleichermaßen funktionieren. Viele Maßstäbe und Anforderungen aus dem Pkw-Kosmos hatte Fiat schon früh in dieser eher rauen Welt der leichten Nutzfahrzeuge etabliert. Ob Abrollkomfort oder Bedienlogik, ob Oberflächenqualität oder Akustik: Ein Ducato sollte stets auch in diesen Kriterien punkten, so der Anspruch seiner Macher.

Das ist eine Haltung, die jede seiner Modernisierungsphasen bislang prägte. Auch beim neuesten Modell: Wer in den aktuellen Ducato einsteigt, wird sofort das kleinere Lenkrad bemerken, die elektrische Parkbremse (wodurch der Handbremshebel entfällt) und die neue Multimedia-Welt. Statt der kleinen Standardlösung können sich Kunden nun auch für einen bis zu zehn Zoll messenden Monitor entscheiden, je nach Wunsch und Einsatzzweck. Auch das volldigitale Cockpit und die Keyless-Entry-Funktion machen den Anspruch des neuen Ducato klar: Er will jedem, der vom Pkw umsteigt, sofort ein vertrautes Gefühl vermitteln. Und möchte ihn umsorgen, denn viele aus der Pkw-Welt bekannte Assistenzsysteme halten mittlerweile den Ducato in

„Wir haben das Design unseres Fiat Ducato immer angeglichen an den jeweils frisch auf den Markt gebrachten Personenwagen, also den Fiat Panda, Fiat Uno oder den Fiat Punto. Es gab da immer eine große Kohärenz."

der Spur, bremsen ihn im Notfall ab, warnen vor Gefahren oder zeigen die Umgebung beim Rangieren. Ebenso stehen die Materialien und die Gestaltung des Cockpits immer wieder auf dem Prüfstand. „Das ist im Caravan-Bereich sehr wichtig", sagt Nico Schminke, „doch es ist auf seine Weise ebenso wichtig für die Nutzfahrzeugbranche." Denn jeder, der acht Stunden im Auto arbeitet, soll sich ebenso gut fühlen wie derjenige, der die gleiche Zeit mit seinem Wohnmobil auf der Autobahn unterwegs ist, so unterschiedlich die Ansprüche auch sein mögen. Dabei kann auch eine scheinbar unbedeutende Neuerung weitreichende Folgen auslösen. Ein Beispiel aus der Praxis sind die Türpanele: „Wenn ich die neu gestalte, muss ich mir überlegen, ob die Zulieferer in Folge ihre Verdunkelungssysteme für die Türen neu entwickeln müssen, weil die Anschlüsse plötzlich nicht mehr passen." Daher prüfe man stets, ob es möglich ist, die betreffenden Bereiche unverändert zu belassen. Wichtig sei immer ein präziser Blick in den Markt, der so fundamental ist für den Fiat Ducato.

„Heutzutage ist es immer mehr Menschen wichtig, absolut flexibel zu sein und zu reisen, die Welt zu entdecken und Abenteuer zu erleben. Und das gelingt eher mit kompakteren Reisemobilen. Das wird zu einem Umdenken in der Reisemobilbranche führen. Der Trend geht weg vom Campingplatz. Häufig steht man einfach am Strand, parkt auf dem Sand an den Dünen."

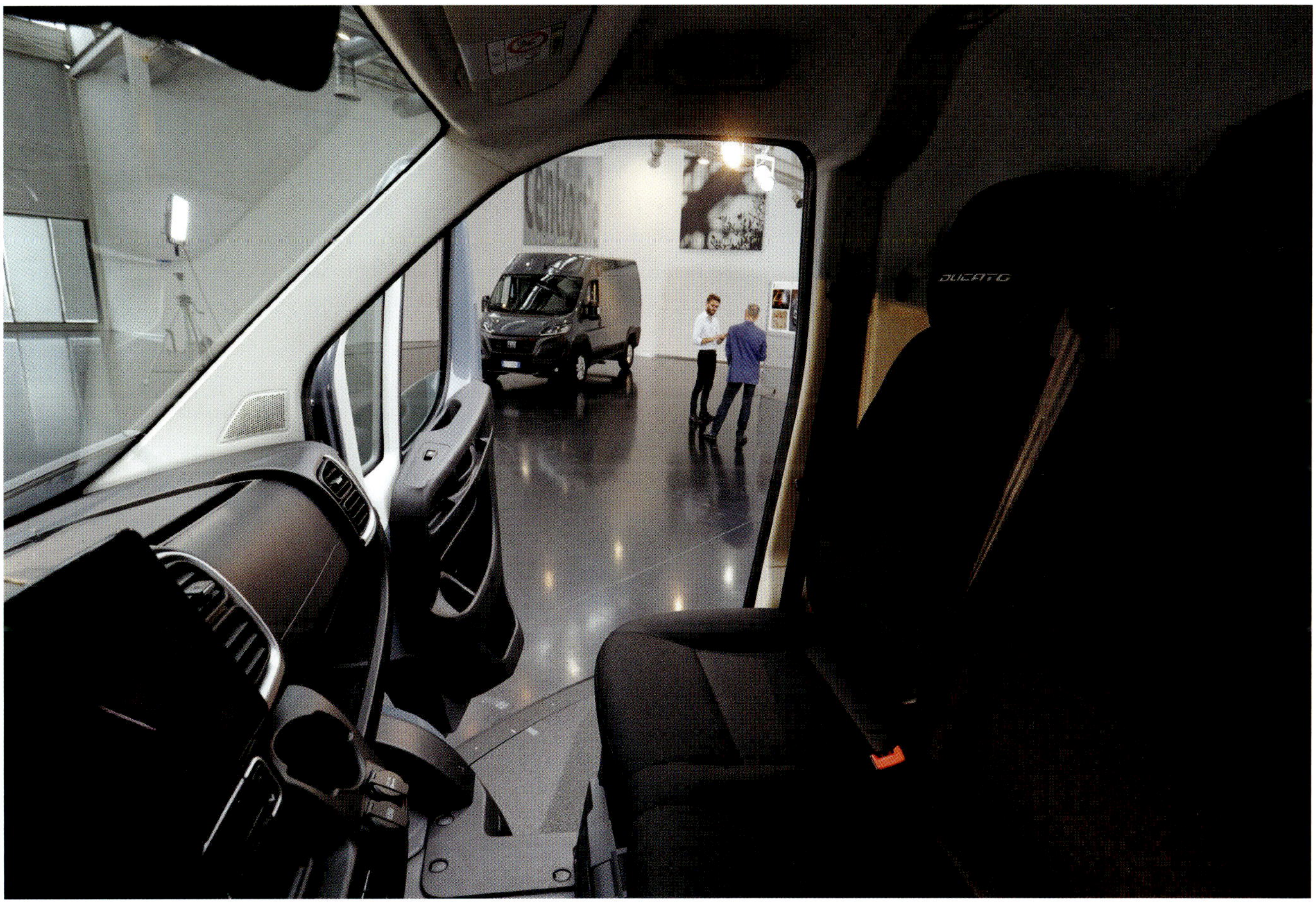

„Einerseits ist es wichtig, dass das Auto so robust aussieht, dass man mit ihm problemlos in Skandinavien durch den Wald fahren kann. Ein Abenteuer-Versprechen. Auf der anderen Seite ändert sich unsere Welt ja gerade, und wir wissen: Alles, was wir bauen, was wir gestalten, was wir entwerfen, muss in erster Linie auch nachhaltig sein."

Verbunden Der Ducato bietet Konnektivität auf Pkw-Niveau

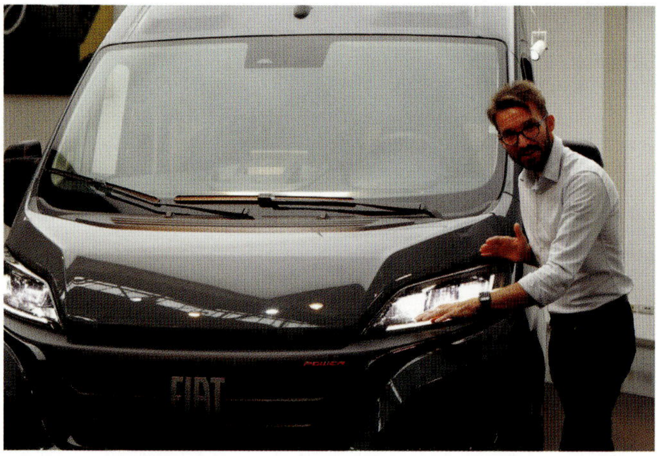

Option Fiat montiert auf Wunsch inzwischen auch LED-Scheinwerfer

Der Ducato musste schon immer eine breite Palette an Anforderungen abdecken – und er schafft das auch heute noch, obwohl die Ansprüche in jedem Segment deutlich anspruchsvoller geworden sind. Der Handwerker freut sich über die „Eat & Work"-Sitzbank mit optionalem Klapptisch, der Camper, der einen Selbstausbau plant, wird mit Freuden das Ausstattungspaket „Trecking" mit großen Rädern, den erwähnten LED-Scheinwerfern und einer robusten Kunststoffbeplankung an den Seiten als perfekte Basis sehen. Für die Wohnmobilproduzenten ermöglicht diese Vielfalt charmante Möglichkeiten, sich von der Masse mit individuelleren und dennoch standardisiert bestellbaren Modellen abzuheben.

Vier Jahrzehnte Arbeit an einem Konzept

In über 40 Jahren haben seine Erbauer immer wieder die Gelegenheit genutzt, die einzelnen Ducato-Varianten in ihren Abmessungen und Gewichtszuweisungen optimal auf die jeweiligen Zulassungs- und Führerscheinbestimmungen hin anzupassen. Zunehmend nutzt heute Stellantis auch die vielen Möglichkeiten, die sich in den unzähligen Teilelisten des gewaltigen Konzernportfolios finden lassen. Dazu zählen nicht nur offensichtliche und leicht identifizierbare Komponenten wie Lenkräder, sondern auch Baugruppen wie Klimaanlagen und das Infotainmentsystem.

Manches bleibt jedoch auch sehr speziell und typisch für den Ducato. Bestes Beispiel ist das aus dem Armaturenbrett herausklappbare, multifunktionale Klemmbrett, das Lieferlisten ebenso festhält wie ein Tablett oder Smartphone. Eine simple Idee, clever umgesetzt, der in diesem Fall ein Sprung von der Arbeits- in die Freizeitwelt gelungen ist. Hier liegt der Mehrwert in der Raffinesse der Idee, in der simplen Praktikabilität einer mechanischen Lösung, die sich einfach aus dem Weg klappen lässt, wenn der Fahrer sie nicht benötigt.

„Die Reisemobilbranche ist fundamental für uns. Sie ist unser wichtigster Partner."

Dieses Detail ist ein schönes Beispiel, wie Fiat den Ducato respektiert. In Zeiten, in denen alles Mechanische digital wird, ist es eine bewusste Entschei-

Visitenkarte Möglichst große, sportlich gestaltete Räder sind für Nico Schminke als Akzent wichtig

„In helleren Farben präsentiert sich der Ducato aus meiner Sicht freundlich und modern. Das kann für mich Silber sein oder das neue Lanzarote Grey, das ich wirklich schick finde. Schwarze Bauteile, schwarze Räder, ein schwarzer Grill setzen schöne Kontraste dazu. Das sieht gut aus. Das trifft meinen Geschmack."

„Der Ducato ist von seiner Gestaltungsbasis her eine Art Hochgeschwindigkeitszug. Man kennt ja Züge wie den TGV mit seinen abfallenden Fronten – die haben keine Motorhaube und kein Zwei-Box-Gefühl. Sondern sie haben eine aerodynamische, steil abfallende Front, die für Effizienz steht. Es gibt nur wenige Fahrzeuge dieser Klasse, die so sportlich, so leichtfüßig rüberkommen wie der Fiat Ducato. Und das trotz seiner relativ kastigen Aussprache."

dung, dieses Element nicht zu opfern. „Ein Designer ist kein Künstler", sagt Nico Schminke und definiert seine Rolle so: „Ein Designer muss Lösungen finden, die den Bedürfnissen der Kunden gerecht werden." Für ihn sei es seine wahre Passion, diesen Wünschen aus der alltäglichen Nutzung nachzuspüren und sie umzusetzen. Es ist nicht unwahrscheinlich, dass diese Haltung recht präzise die Werte der Schule spiegelt, die Schminke absolviert hat – das Bauhaus in Dessau. Vor über 100 Jahren hatten sich hier erstmals Kunst und Handwerk zu einer bahnbrechend neuen, reduzierten und sachlichen Formensprache verbunden, stets mit der Orientierung auf den Gebrauchswert eines Entwurfs. Egal, ob es ein ganzes Haus samt zugehöriger Lebensphilosophie oder nur ein Stuhl ist. Oder eben ein leichtes Nutzfahrzeug.

Wer diese Überlegung anstellt, dem rollt vielleicht die erste Version vors Auge. Der kubistische Wurf von 1981 legt bereits Parallelen zu seinem heutigen Auftritt nahe, doch das wäre viel zu kurz gesprungen. Es ist die Summe aller Optimierungen, die den aktuellen Ducato zu einer austarierten Symbiose aus Design und Nutzwert formt. Das eine geht nicht ohne das andere, und es ist müßig darüber zu philosophieren, wie viel Bauhaus der Betrachter in ihm zu entdecken vermag. Gut ist jedoch zu wissen, dass Menschen ihn weiterentwickeln, die aus der Welt

Symbiose Die Kunst ist, dass Design und Nutzwert sich gegenseitig so ergänzen, dass das Ergebnis überzeugt

„Ich glaube, dass wir enorm viel erreicht haben, den Ducato so zu positionieren, dass die Menschen sagen: Ich kaufe einen Camper auf Basis des Ducato. Ob dann ein Fiat-Logo zu sehen ist, ist zunächst nebensächlich in diesem Kontext."

Moderne Zeiten Sein Konzept ist seit Jahrzehnten bewährt, doch die Finesse und der Komfort sind enorm gewachsen

Zeitgemäß Den Ducato gibt es auch mit volldigitalem Cockpit

des Caravanings kommen und die Design nicht als Ornament interpretieren, sondern als Quintessenz eines optimierten Gebrauchswertes. Seine effiziente Formgestaltung ist stets vom Nutzwert und von Dauerhaftigkeit her gedacht, die sich jeder unnötigen Komplexität verweigert.

Der Dauerläufer hat noch viele Reserven

Lange schon – seit 2006 – baut Fiat die dritte Generation des Ducato bereits. Viele Verbesserungen, Optimierungen, Weiterentwicklungen und Evolutionen haben sie – mit dem ein oder anderen Um- und Irrweg – zuverlässig auf die Höhe der Zeit gebracht. Doch genügen diese kleinen Schritte noch in einer Epoche, die laut nach Transruption ruft? Taugt unser alter Fahrensmann Ducato noch zum Revoluzzer?

Auf jeden Fall. Aus Nico Schminkes Sicht ist der Ducato gut gealtert. Für ihn sei er immer noch auf der Höhe der Zeit, sagt er. Das liege schon an seinen Dimensionen, die kaum zu verbessern sind: Im Heck

Unter Strom Schon den ersten Ducato gab es als ambitionierten „Elettra". Beim aktuellen Modell jedoch sind die Anwendungsfelder deutlich größer

„Ein Designer ist kein Künstler. Ein Designer muss Lösungen finden, die den Bedürfnissen der Kunden gerecht werden. Das ist meine Rolle und meine Aufgabe im Beruf, und es ist meine Passion. Das heißt: Niemand im Designbereich darf so egoistisch sein und sagen: Ich hätte gerne das, und dann geht das andere eben nicht mehr."

quer schlafen? Natürlich geht das! Optimal ausgenutzter Laderaum? Mehr denn je. Dennoch funktioniert er als innenstadttaugliches Fahrzeug. In dieser Gesamtschau definiert der Chefdesigner seine Aufgabe: „Mit Ingenieuren darüber nachzudenken, wie wir ein gut aussehendes Auto haben können. Und trotzdem einen maximalen Praxisnutzen." Ein experimentelles, gestalterisch mutiges und skulpturales Arbeiten, das im Pkw-Bereich manchmal zu eigensinnigen Konzepten und Stilblüten führt, wäre bei einem Nutzfahrzeug nicht durchsetzbar. „Was immer ich skizziert habe, muss sich annähern an die Bedürfnisse unseres Marktes", so Schminke: „Das ist unser Beruf."

Irgendwann wird es Zeit sein für einen nächsten Ducato. Vielleicht einen, dessen Volumina sich einmal mehr nicht groß verändern werden, der jedoch auf der Antriebsseite vieles neu macht. Die Planungen laufen längst, ohne dass es Bestätigungen hierzu gibt. Es ist nicht auszuschließen, dass eine Hybridisierung im Bereich leichter Nutzfahrzeuge zumindest als Brückentechnologie eine Rolle spielen könnte. Die Systeme sind erprobt und praktikabel. Jede große Zielgruppe, von Handwerkern über Lieferdienste bis hin zu Campern, könnte von lokal emissionsfreien Stadtdurchfahrten profitieren, ohne ein Reichweitenproblem akzeptieren zu müssen.

„Die Schlichtheit des 1981er Ducatos war modern, sogar sehr modern, fast schon disruptiv, und er ist zweifelsfrei immer wieder aufs Neue eine Referenz gewesen, wie ein modernes Nutzfahrzeug aussehen sollte. Ich finde, dass der Ducato sehr gut gealtert ist. Ich sage das im Respekt vor meinen Kollegen, die die Autos damals entwickelt haben, auf die ich heute blicke."

Mit kompakten Elektromotoren an den Hinterrädern käme zudem noch der charmante Vorteil hinzu, eine smarte Allradoption bieten zu können: Eine solche Lösung böte nicht nur Vorteile im gewerblichen Betrieb während der Wintermonate, sondern auch für Camper, die sich so ohne fremde Hilfe aus misslichen Lagen befreien könnten. Diese smarte Allrad-Offerte nähme weichem Sand, nassem Gras oder matschigem Schnee auf einem Stellplatz jeden Schrecken. Schließlich hatte der französische Allradspezialist Dangel, der über Jahre aufwendige mechanische Nachrüstlösung für den Ducato angeboten hatte, aufgrund der modernisierten ESP-Technologie sein Angebot einstellen müssen. Bei den Ducato-Geschwistern Citroën Jumper und Peugeot Boxer griff diese Änderung noch nicht – sie lassen sich auch 2022 unter bestimmten Vorbedingungen weiter um einen mechanischem Heckanstriebsstrang erweitern.

Der E-Ducato bleibt ein Fall für wenige

In Bezug auf den Antrieb ist Fiat bereits seit 2021 einen Schritt weiter. Seither gibt es den Ducato – und zwar in einer großen Vielfalt an Karosserien und Aufbauten – als elektrifizierte Version, die Fiat ganz unabhängig vom Design mit Stellantis-Konzerntechnik konzipiert hat. Als Grundlage der Konfiguration hatte Fiat eine Langzeitstudie initiiert, die von 28.000 Ducato mit Verbrennungsmotoren wesentliche Nutzungsdaten eingesammelt und verarbeitet hat. Im Mittelpunkt standen Tagesprofile mit Abfragen von Kilometerleistung, Variabilität, Treibstoffkosten, Fahrzeugnutzung und klimatischen Bedingungen. Mit zwei Batteriegrößen bietet Fiat die E-Ducato-

Ganz nach Wunsch Für alle Branchen baut Fiat passende Lösungen auf der Ducato-Basis

Modelle an. Die kleinere Version verspricht mit einer 47-kWh-Batterie optimale Bedingungen für den innerstädtischen Verkehr mit kurzen Wegen und vielen Stops. Fiat nennt als Reichweiten 170 Kilometer (nach WLTP) und 235 Kilometer bei viel Rekuperation. Als Option kommt der E-Ducato auch mit einem 79-kWh-Akku, der ihn bis zu 280 (370) Kilometer weit fahren lässt. Elegant und in Sachen Schwerpunkt günstig versteckt der elektrische Ducato seine Lithium-Nickel-Mangan-Cobalt-Oxide-Stromspeicher tief zwischen den Rahmenträgern. Der Elektroantrieb liefert zufriedenstellende 90 kW (122 PS), sein Drehmoment bleibt mit 280 Nm jedoch deutlich unter dem Maximalwert der starken Diesel-Modelle. Bei Tempo 100 regelt zudem das System ab, ein Faktor, der Spitzen beim Verbrauch vermeiden hilft und der sich bei den angedachten Einsatzzwecken verschmerzen lässt. Bis zu 1950 Kilogramm Nutzlast schleppt der E-Ducato weg, maximal 17 Kubikmeter beträgt sein Ladevolumen.

Ob sich die gewaltigen Aufpreise rechnen, die Fiat für einen Ducato mit E- statt Diesel-Power aufruft, hängt vom Einzelfall ab. Zu den Faktoren zählen der individuelle Strompreis, mögliche Fahreinschränkungen und -verbote für Verbrenner, Subventionierungen, die tatsächliche Steuerlast sowie die erheblichen Einsparungen bei der Wartung, die Fiat mit rund 40 Prozent beziffert. Weniger Werkstattaufenthalte erhöhen zudem die Verfügbarkeit des Fahrzeugs. Im Umkehrschluss bedeutet das: Ein E-Ducato nimmt allein gewerbliche Kunden in den Fokus, im Caravaning-Segment wird er keine Rolle spielen. Übrigens: Ganz neu ist die Idee eines rein elektrisch angetriebenen Ducato nicht. Schon den Typ 290 gab es von 1989 bis 1993 als Ducato Elettra – ein nach außen völlig unscheinbarer Typ mit 868 Kilogramm Batterien an Bord und 70 Kilometern Reichweite, der um seine ungewöhnliche Technik allerdings ebenso wenig Aufhebens machte wie die neue Auflage im Jahr 2021.

„Als Designer freut mich, dass Ausbauten in Reisemobilen immer heller werden, dass die Materialien moderner wirken. Kleine Details, bei denen man denkt: Das hat eine gewisse Wertigkeit, wie man sie zu Hause von modernen Küchen kennt. Man sieht: Der Markt bewegt sich."

Der Ducato – ein kurzes Fazit

Vier Jahrzehnte gibt es ihn nun, diesen Universalisten und Alleskönner. Er hat sich millionenfach bewiesen, er hat geliefert und eine Menge Jobs erledigt. Er ist zu unendlich vielen Urlaubszielen gereist und hat sich einen Status erarbeitet, wie er einem Kultmobil zu eigen ist. Ihrem Ducato begegnen viele seiner Besitzer und Fahrer längst mit Emotionen. Die lange Zeit, die es ihn schon gibt, und der gute Ruf, den er sich erarbeitet hat, lassen ihn mit wachsendem Alter zu einem Gefährten werden. Das liegt, keine Frage, an seinem hohen Marktanteil in der Campingbranche. Doch dieses Vertrauen in sein ausbalanciertes Können, diese Charaktereigenschaft, die sich aus solider Pragmatik und steter Abenteuerlust speist, muss sich ein Modell erst über Epochen verdienen. Dem Ducato ist das eindrucksvoll gelungen. Dafür steht sein Name heute.

Nico Alexander Schminke

„Manchmal fangen große Karrieren mit kleinen Zufällen an", schrieb Auto Bild bereits im Sommer 2002 auf seiner Webseite und stellte mit diesen Worten den 1975 geborenen Nachwuchsdesigner Nico Alexander Schminke vor. Der hatte im Jahr zuvor sein Design-Diplom an der renommierten Hochschule Anhalt Bauhaus Dessau mit der Note 1,0 abgeschlossen und nun den mit 6000 Euro dotierten Lucky Strike Junior Designer Award gewonnen. Eingereicht hatte Schminke die „Ingenieurstudie eines kleinformatigen Zweitwagens, mit Fokus auf den Bedarf junger Familien" oder, kurz gesagt, ein FUV – ein Familiy Utility Vehicle. Als einer der Juroren fungierte Professor Johann H. Tomforde, einst das Mastermind hinter dem Smart. Umgehend holte er Nico Schminke an Bord des „hymer idc innovations- und design-center" in Pforzheim, bei dem Tomforde die Geschäftsführung innehatte.

Dieser Think Tank entwickelte in den Nullerjahren eine stattliche Zahl an Studien und Prototypen, auch, jedoch bei weitem nicht nur für die Reisemobilindustrie. Unter anderem war Fiat ein guter Kunde, und so erreichte Nico Schminke im Sommer 2008 ein Angebot aus dem Fiat Centro Stile in Turin. Schminke wechselte daraufhin nach Italien, lernte die Sprache und startete als Senior Designer mit einem mittlerweile stattlichen Erfahrungsschatz in der Entwicklung von Reisemobilkonzepten. Im Jahr 2017 übernahm er die Leitung für das Design von Fiat Professional, heute trägt er den schönen Titel Head of Design at Stellantis Professional Vehicles for Fiat & Opel. Letztlich laufen inzwischen alle 3,5-Tonner als LCV (Light Commercial Vehicle) im Konzern mehr oder weniger zusammen.

Viele kleine, unverwechselbare sowie stilprägende Details am Ducato stammen von Nico Schminke, dem deutschen Bauhaus-Designer. Von diesem langen, stringenten Weg konnte Auto Bild zwar 2002 noch nichts ahnen, doch ihre Prognose traf ins Schwarze: Schminke hatte mit den richtigen Ideen eine große, lange, wenn auch nie laute Karriere gestartet.

Fiat-
Nutzfahrzeuge

Möge die Fracht mit dir sein

Die bunte Transporter-Vielfalt vor dem Ducato

Der Mann hat Luxuslimousinen und Supersportwagen konstruiert, Millionenseller fürs Volk und sogar Flugzeuge gehen aufs Konto des großen Dante Giacosa. Doch als der Fiat-Chefingenieur in den Siebzigern seine Memoiren schreibt, erinnert er sich an ein kleines, wie aufgeblasen wirkendes Multifunktions-Auto, das ihm mehr Kopfzerbrechen bereitete als alle anderen.

Die Rede ist vom Fiat Multipla der ersten Generation, einem der allerersten Minivans der Automobilgeschichte. Dabei ist diese Gattungsbezeichnung noch nicht erfunden, als die kleine Raumkapsel 1955 auf den Markt kommt. Aber in Wirklichkeit ist der Multipla natürlich mehr als ein herkömmlicher Kombi, weil sein geniales Konzept alle Grenzen zwischen Personenwagen und Transporter verschwimmen lässt. Den Tank packt Giacosa über den Heckmotor, das Reserverad steht im Fußraum des Beifahrers, eleganter lässt sich das Großraum-Layout nicht lösen. Auch einen Kofferraum im klassischen Sinn gibt es nicht, dafür können Multipla-Besitzer im Auto schlafen, weil sich die beiden Sitzbänke zum 1,90 Meter langen Doppelbett falten lassen. Das ist ein wichtiges Argument in den Fünfzigern, als normalverdienende Camper noch im Zelt übernachten und nicht im Wohnmobil. Und wenn die Ferien vorbei sind, dann laden die Händler und Handwerker wieder ihre Milchflaschen und Farbeimer in den Multipla. Gar nicht wenige warten mit ihrem kleinen Alleskönner auf Fahrgäste, denn im Italien der 1950er Jahre ist der 3,53 Meter kurze Multipla ein verbreitetes Taxi. Eines ohne Beifahrersitz, denn neben dem Fahrer steht das Gepäck.

Familienpackung Die Welt weiß noch nicht, was ein Van ist, aber Fiat baut ihn 1955 schon

Lange nehmen es die Deutschen nur wahr, wenn sie Urlaub in Italien machen: Fiat ist nicht alleine die Marke der millionenfach verbreiteten Kleinwagen, sondern auch eine feste Größe des Nutzfahrzeuggeschäfts. Doch erst der Ducato wird es im Land der Bullis auf nennenswerte Marktanteile bringen. Seine Vorgänger sind auf deutschen Straßen zwar zu sehen und werden von den Testern immer wieder für ihre fortschrittliche Technik gelobt, doch das große Geld verdient Fiat auf dem Heimatmarkt. Auch beim Multipla ist es so, obwohl Fiat im Deutschland der Aufbau-Ära eine starke Marke ist. Doch die Deutschen des Wirtschaftswunders falten sich lieber in den hübscheren 600er, auf dessen Technik der Multipla basiert.

Was bin ich? Auch formal verschleift der Multipla den gewohnten Unterschied zwischen Personenwagen und Transporter

„Im Gesamtbild wirkt der Multipla völlig personenwagenmäßig, er ist im Innenraum so leise, wie es von einem Wagen dieser Klasse nur erwartet werden kann, und angesichts der Ausstattung ist sein hoher Preis durchaus nicht ungerechtfertigt."

Lastauto und Omnibus, 1959

Frisch befördert Italienische Großstadt-Taxifahrer greifen in den 1950er-Jahren gerne zum Multipla. Statt eines Beifahrersitzes gibt es hier eine Gepäckablage

Raumkapsel Die beiden Sitzbänke des Multipla lassen sich zum 1,90 Meter langen Doppelbett falten

Selbst unter Oldtimer-Fans gehört es alleine zum Wissensschatz der Nutzfahrzeug-Nerds, dass die 1899 gegründete Marke bereits im vierten Jahr ihres Bestehens die ersten Lastwagen baut. Das erste Modell ist der Fiat 24 HP, ein Frontlenker, dessen Bezeichnung für die PS-Leistung seines Motors steht. Er kann 1,65 Tonnen schultern und erreicht damit auf einer Demonstrationsfahrt von Turin nach Genua und zurück einen Schnitt von 10 km/h, das gilt zu Beginn des vorigen Jahrhunderts als sensationell. Bald stellt die junge Marke auch kleinere Lastwagen vor, mit rund einer Tonne Nutzlast sind sie die Urgroßväter des heutigen Ducato. Und wie bei vielen Herstellern sind die Lastwagen während des Ersten Weltkriegs die Treiber des schnellen Wachstums: Alleine der Dreieinhalbtonner 18 BL entsteht zwischen 1915 und 1921 fast 20.000 Mal.

Hart im Nehmen Das gilt für den ersten Fiat-Lastwagen mit 1,65 Tonnen Nutzlast und alle, die ihn reiten

Fiat ist Italien, Italien ist Fiat, das lässt sich seit den 1920er-Jahren nicht mehr trennen. Der Konzern stellt das ganze Land auf Räder, baut neben Autos auch gleich die Straßen dazu, propagiert die schöne neue Welt als Verleger der Tageszeitung „La Stampa" und produziert Antriebe für Lokomotiven, Schiffe und Flugzeuge. Zu Beginn der 1930er-Jahre nimmt Fiat auch die Herstellung dreiachsiger Lastwagen auf, 1932 kommt mit dem 634 N der erste Diesel ins Programm. Gleichzeitig verbreitet sich der volkstümliche Fiat 508 Balilla nicht nur als Limousine, Cabriolet und Spider, sondern auch als Lieferwagen. Und selbst den kleineren 500, der unter seinem Kosenamen Topolino berühmt wird, gibt es ab 1936 als Stadtlieferwagen mit geschlossenen Seitenwänden und einer Nutzlast von 300 Kilogramm. Klingt nach wenig – aber das ganze kleine Auto wiegt nicht viel mehr als eine halbe Tonne. Und es ist trotzdem kein fragiles Behelfsvehikel, sondern ein leistungsfähiger Kleinwagen

Die andere Seite Es ist 1915, als die australischen Trucker im Bundesstaat Queensland für den Fotografen mit ihrem Fiat-Lastwagen posieren

mit wassergekühltem Vierzylindermotor, hydraulischen Bremsen und 12-Volt-Elektrik.

Die Geschichte der Fiat-Transporter, wie wir sie heute kennen, beginnt 1955 mit dem 1100 T, einem Frontlenker mit melancholischem Scheinwerfer-Blick und hochmoderner Technik. Dem Bulli aus Wolfsburg hat er unter anderem die selbsttragende Karosserie, den Motor im Bug und die platzsparende Lenkradschaltung voraus, außerdem gibt es ihn bereits 1962 auch mit Dieselmotor. Das reicht noch nicht für den Fuß des Autoriesen in der Tür des deutschen Markts, doch bei Steyr-Puch in Österreich und Zastava in Jugoslawien bringt es der 1100 T zur erfolgreichen Lizenzproduktion. Er ist der erste eigenständige Fiat-Transporter, der nicht mehr auf einem Personenwagen basiert, das unterscheidet ihn von seinem kleinen Kollegen, dem Fiat 600 T. Der trägt noch die DNA des Multipla und schreibt Fiat-Geschichte, weil er sich unter verschiedenen Modellbezeichnungen bis 1986 im Programm hält. Zuletzt steht 900 E am Heck, und selbst die Deutschen kaufen ihn gerne, weil ihnen kein einheimischer Hersteller so einen billigen und pfiffigen

Minibus bauen will. Sogar als kleiner Campervan mit Aufstelldach taucht er Ende der 1970er-Jahre bei deutschen Fiat-Händlern auf. Und tatsächlich kommt der Ausbau des Mini-Wohnmobils nicht aus Italien, sondern aus einer Kleinstadt am Neckar.

Bereits 1969 bieten die Karosseriewerke Weinsberg den ersten deutschen Campingbus auf Fiat-Basis an. Das ist schon deshalb logisch, weil das Unternehmen seit 1938 dem Turiner Automulti gehört. Offiziell löst Fiat die Ehe zwar 1970 auf, doch die enge Verbindung bleibt bestehen und macht die Fiat-Transporter auch diesseits des Brenners ein bisschen populärer. Die Basis des ersten Campers ist der Fiat 238, ein Transporter, der mit 4,63 Metern Länge und 1,84 Meter Breite einen Tick geräumiger ausfällt als der VW Bulli T2. Stolze 6,5 Kubikmeter Ladevolumen sind sein wichtigstes Argument, dennoch ist er gut 1000 Mark günstiger als der Volkswagen, weshalb Weinsberg den Campern der Bonner Republik einen komplett ausgestatteten Van mit Aufstelldach und Küchenzeile für 10.367 Mark anbieten kann. Der Kühlschrank kostet noch extra und kann später dazugekauft werden, so bescheiden sind die Zeiten. Und nach dem Urlaub reicht das Lösen einiger Flügelschrauben, um den kompletten Campingaus-

Moderne Zeiten Der erfolgreiche Fiat 505 begründet 1919 eine komplette Modellfamilie, zu der auch ein eleganter Stadtlieferwagen zählt

Volksheld Er heißt Fiat 508, doch die Italiener nennen ihn lieber Balilla. Als Lieferwagen mit Pritschen- oder Kastenaufbau darf er bis zu 350 Kilogramm Nutzlast schultern

bau aus dem Laderaum zu entfernen – so kann der Transporter im Alltag seiner ursprünglichen Profession nachgehen.

Viel Komfort ist nicht zu erwarten, schon weil der 1,4-Liter-Vierzylinder unter der Sitzbank des Fahrers rumort. Auch haben seine 46 PS bei einem zulässigen Gesamtgewicht von 2,6 Tonnen gut zu tun, doch auf ebener Fahrbahn sind immerhin 105 km/h Spitze drin. Und wer vom VW Bulli in den frontgetriebenen Fiat steigt, der staunt über den stabilen Geradeauslauf und die Neutralität des Italieners in Kurven. Abgesehen davon kann kein Westfalia-Bus auf Volkswagen-Basis damals eine fürstliche Liegefläche von 1,90 Meter Länge und 1,70 Meter Breite bieten.

Es ist der Beginn einer langen Erfolgsgeschichte, denn die Wohnmobil-Marke Weinsberg lebt unter dem Dach des Knaus-Tabbert-Konzerns bis heute, während es den gleichnamigen Karosseriezulieferer längst nicht mehr gibt. Vor allem aber entdeckt Fiat mit dem 238 eine Marktnische, die der Ducato später passgenau ausfüllen wird. Vorher kommt mit

Lieferwägelchen Der Topolino stellt ganz Italien in den 1930er-Jahren auf Räder, das geht nicht ohne den Furgoncino mit 300 kg Nutzlast

Stadtmaus Als Fiat die Topolino-Produktion 1948 wieder aufnimmt, ist auch der etwas größer gewordene Lieferwagen dabei

Schmalhans Der Fiat 600 Familiare ist nur 1,49 Meter breit und 3,80 Meter lang, dennoch bietet er (nominell) Platz für sieben

Kleine Freiheit Innen geht es erstaunlich geräumig zu – auf Kosten des Kofferraums. Der Motor sitzt schließlich im Heck

Held der Arbeit Ein kleiner Kastenwagen mit 640 Kilogramm Nutzlast, hier schon als stärkerer 850 T

Moderne Zeiten Der 1100 T gehört zu den fortschrittlichsten und vitalsten Transportern der 1950er Jahre

Großes Versprechen „Wohnen auch während der Fahrt" ist 1970 tatsächlich noch legal

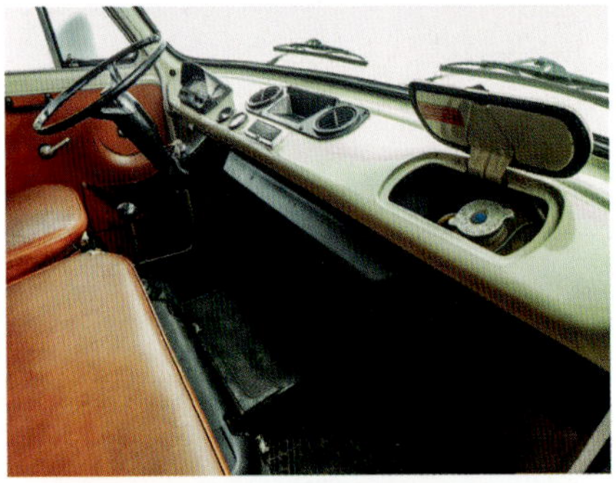

Alles im Kasten Der Fiat 238 eignet sich mit seinem Frontantrieb prima zum Ausbauen, die Karosseriewerke Weinsberg ergreifen 1970 die Chance

Ersthelfer Im Italien der 1970er Jahre gehört der Fiat 238 zum Straßen-Inventar – so wie zehn Jahre später der neue Ducato

Bulli des Südens Ob als Schulbus oder Pritschenwagen mit Doppelkabine – die Wandlungsfähigkeit macht den Erfolg des 238

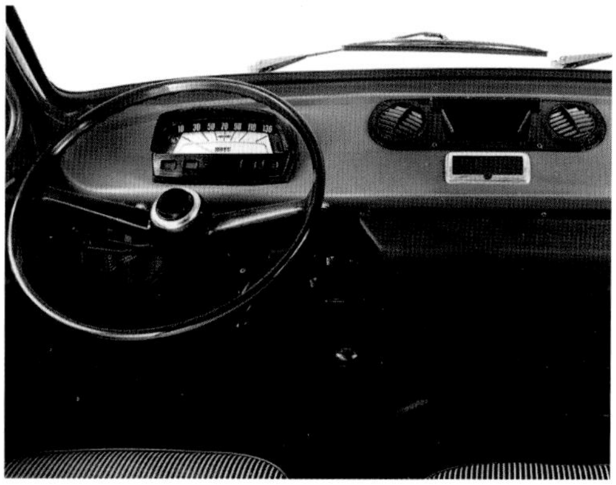

Form und Funktion Viel zu bedienen gibt es nicht im blechernen Cockpit des 238

Raumriese 6,5 Kubikmeter Ladevolumen – da kommen weder VW T2 noch Ford Transit mit

Zahlen bitte Bei Fiat sind sie 1973 zurecht stolz auf den großzügigen Laderaum des neuen 242

dem Fiat 242 noch ein kantig gestyltes Zwischenmodell, das zwar keine Revolution auf dem Transportermarkt anzettelt, aber den Weg aufzeigt für die engere Zusammenarbeit mit dem PSA-Konzern: Es handelt sich um nichts anderes als einen Doppelgänger des Citroën C 35, mit dem die beiden Unternehmen ab 1973 für die ganz große Kooperation auf dem Transportermarkt üben. Rund 500.000 der kantigen Typen verbreiten sich auf Europas Straßen und lassen ohne großes Kopfzerbrechen die Ahnung zu, dass da in Zukunft noch mehr gehen kann. Das Zeitalter des Ducato, jetzt kann es beginnen.

Schwerverkehr Fiat bietet in den 1960ern das komplette Nutzfahrzeugprogramm – bis hinauf zum 690 N2 mit zwei gelenkten Vorderachsen und 40 Tonnen Gesamtgewicht

Neue Heimat Letzte Fiat-Lkw-Parade, bevor der Konzern 1975 sein Lastwagengeschäft mit Magirus-Deutz, OM und Unic unter der neuen Dachmarke Iveco sortiert

Allianzen, Werke und Produktion

A

Das Werden der Transporter-Dynastie

Seit 1981 setzt SEVEL Sud als Werk Maßstäbe

Der gemeinsame Weg von Fiat, Citroën und Peugeot beginnt früh, bereits Ende der 1960er-Jahre. Im Rückblick auf die Fiat-Nutzfahrzeuge (ab Seite 38) ist auch der Beginn dieser großen, visionären Kooperation beschrieben. Über fünf Jahrzehnte später besitzt sie unter dem gemeinsamen Stellantis-Dach eine festere Struktur denn je, und sie hat auch die lange auf den verschiedenen Märkten herrschende Wettbewerbssituation entzerrt. Zwar treten heute durchaus Ducato, Jumper und Boxer gegeneinander an, doch bleibt am Ende das Geld in der Familie.

Fällig wird dieser epochale Schritt, weil die technischen Konzepte der leichten Nutzfahrzeuge in den 1970er-Jahren hoffnungslos veraltet sind. So tritt der Fiat 238 zwar als sympathischer, eigenständiger Italiener auf, und immerhin treibt ihn ein Frontmotor an. Doch sein Tank im Heck führt zu einem hohen Einbau im Laderaum, der jede effiziente Nutzung verhindert. Sein kleinerer Kollege im Fiat-Team, der freundliche 900, zeigt sich mit seinem Heckmotor nochmals zerklüfteter. Bei Peugeot verspricht der ab 1965 gebaute J7 mit seinen Schiebetüren zwar Charakter samt smarter Funktion, was Pariser Flics oder die Zusteller der französischen Post durchaus zu schätzen wissen, doch kein großes Potenzial für die Zukunft darstellt. Immerhin ist er frontgetrieben, ein Merkmal, das auch für den Citroën Typ H spricht, der diese fortschrittliche Lösung bereits 1948 als erster in Masse gebauter Transporter durchsetzen konnte. Als simple, leicht skurrile Kiste, quasi eine XXL-Ente mit Ecken und Kanten, ist er pragmatisch und nostalgisch zugleich, doch sein einst erfrischend unkonventioneller Anspruch ist längst in die Jahre gekommen.

Französischer Bruder Der Citroën C35 zeugt vom gleichen blechernen Brutalismus wie der Fiat 242

Die ständig steigenden Anforderungen, die aus Industrie, Gewerbe und Behörden kommen, erfordern neue Antworten. Ab 1973 gibt sie zum Beispiel der sehr modern aus Blech gefaltete Fiat 242, der engste Verwandtschaft mit dem gleichermaßen kantigen Citroën C35 aufweist. Zunächst zaghaft beginnt die Liaison dieser beiden 3,5-Tonner, doch sie hält ziemlich lange: Die Karriere des Fiat 242 läuft bis Sommer 1987, die des Citroën C35 sogar vier Jahre länger. Die Produktion der Zwillinge liegt allerdings im individuellen Hoheitsgebiet der jeweiligen Marke und erfolgt somit noch in eigenen Werken.

Staatstragend Fiat-Grandseigneur Giovanni Agnelli empfängt 1981 Italiens Staatspräsidenten Sandro Pertini zur Eröffnung des Werks SEVEL

Zeitenwende Das neu gebaute Werk bringt erstmals modernste Produktionstechnologie in den abgelegenen Süden Italiens

Mit Scudetto Das Alfa-Wappen ziert für kurze Zeit auf dem AR6 ein Ducato-Derivat. Nur rund fünf Jahre bleibt er im Programm

Kletterkünstler Den Citroën C25 gibt es wie den Ducato auf Wunsch auch mit einem 4x4-Antrieb

Als supervariabler Alleskönner punktet dieses fortschrittliche Duo nicht nur bei Handwerkern und Großmarkteinkäufern, sondern bricht bereits hier und da als Wohnmobil konfiguriert zu Urlaubsreisen auf. Weinsberg wählt den Fiat 242 als Basis für einen Reise-Van, und auch einige Selbstausbauer wagen sich an immer ambitioniertere Projekte. Mit seinem spendablen Raumangebot punktet der Italo-Franzose bei allen, denen die bisher üblichen Basisfahrzeuge eher zu knapp geschnitten erscheinen.

Heute ist klar, dass dieser kastige, moderne Kurzhauber mit seinem in dieser Klasse mutigen Frontantrieb zur Fingerübung jenes epochalen Modells wird, das in den frühen 1980er-Jahren seine große, bis heute währende Karriere startet: der erste Ducato. Konsequent führt er die Idee einer raumsparend gebauten Hinterachse fort, die einen breiten, tiefen und stufenlosen Ladeboden erst ermöglicht.

Dabei beschränkt sich die Genese des Fiat Ducato und seiner Geschwister keineswegs auf die Konstruktion eines zukunftsweisenden, maximal variablen Nutzfahrzeugs der leichten Klasse. Sie ist als Projekt nur zu verstehen im Kontext der massiven industriellen Umbrüche, die in den 1970er-Jahren Europa prägen. Große, teils militante Streiks lähmen in diesem Jahrzehnt Italien, ein Land, das mehr denn je unter seinem enormen Nord-Süd-Gefälle leidet, ablesbar in höchst verschiedenen Tempi der wirtschaftlichen und gesellschaftlichen Entwicklung.

Auch in Frankreich sind die Zeiten schwierig. Dort weisen die massiven Unruhen im Mai 1968 wie ein früher Seismograf auf die Gräben, die sich immer tiefer durch das zentralistisch organisierte Land geschnitten haben. Der Preisschock, den die Ölkrise wenige Jahre später auslöst, trifft das industriell angeschlagene Frankreich dann ohne Schutz. Die Folgen, darunter eine hohe Arbeitslosigkeit, erweisen sich für die Regierung in Paris als kaum beherrschbare Aufgabe.

In diesem dystopischen Strudel erkennen die großen Automobilkonzerne Fiat und PSA, dass ein Verharren in gewachsenen Strukturen nicht mehr funktionieren wird. Von ihrem Erfolg hängt der Weg kompletter Volkswirtschaften ab, sie bilden wesentliche Säulen der Bruttosozialprodukte und des Arbeitsmarktes. Es wird in diesen Jahren unmiss-

Spektakulär Hinter dem riesigen SEVEL-Werksgelände ragen die Abruzzen empor

Weltspitze Die SEVEL-Werksführung legt von Anfang an großen Wert darauf, als Produktionsstandort Maßstäbe zu setzen

Die Sondierungsgespräche hierzu münden in einem Vertragswerk, das Giovanni Agnelli und Jean-Paul Parayre zeichnen – der eine als Großindustrieller und Fiat-Grandseigneur, der andere als Chef des französischen PSA-Konzerns, unter dessen Dach Peugeot und Citroën bereits gemeinsam entwickeln. Es soll eine Nutzfahrzeug-Ehe werden, die nur Vorteile kennt. Von Anfang an sind die Rollen klar verteilt: Fiat übernimmt das Management vor Ort und das Testing, die Dieselmotoren liefern der damals mehrheitlich zu Fiat gehörende Hersteller Sofim sowie Citroën zu, von Peugeot stammen zwei Benziner, während Citroën die Getriebe beisteuern darf. Nicht nur das Grundlayout des Fahrzeugs, auch die wesentliche Designlinie gibt das Pionier-Duo Fiat 242 und Citroën C35 vor. Fiat übernimmt mit seinem Centro Stile dabei eine Führungsrolle. Später dürfen auch externe Stylisten an jeder neuen Generation des Ducato mitarbeiten – mal mit weitreichendem Einfluss wie Giugiaro bei der zweiten Generation, mal als wertvolle Sparringspartner auf dem Weg zur richtigen Form wie bei späteren Modellen.

Der Ducato folgt als Ergebnis auf einen präzisen, strategischen Plan. Im Süden Italiens soll das gemeinsame Produktionswerk entstehen, wo hohe Fördergelder locken, um die strukturschwache Region in der Provinz Chieti wirtschaftlich zu stärken. Beide Hersteller kennen die Risiken, besonders Fiat weiß um die vielen Fallstricke: Nur wenige Jahre zuvor war Alfa Romeo mit einer ähnlichen Strategie in ein Desaster gestolpert. Für den Bau des Alfasud (ab 1972) errichteten die Norditaliener ab 1968 eigens ein Werk auf dem bisherigen Werksflugplatz in Pomigliano d'Arco, nordöstlich von Neapel gelegen. Doch als die Rohkarossen schon auf dem Werksgelände zu rosten beginnen, ruiniert das ambitionierte Projekt den Ruf Alfa Romeos nachhaltig und erhärtet die Mahnungen, dass der dysfunktionale Süden Italiens keinen geeigneten Standort für die industrielle Fertigung komplexer technischer Produkte bilde. Dennoch setzen Fiat und PSA mutig auf diese Karte und investieren kräftig: Laut zeitgenössischen Quellen fließen erstaunliche 250 Milliarden Lire (heute etwa 240 Millionen Euro) in das neue

Feierstunde Im Oktober 2022 meldet SEVEL sieben Millionen gebaute Fahrzeuge. Rund vier Jahre zuvor hatte die Belegschaft die sechste Million vollendet

Werk. Von Beginn an stehen umfangreiche finanzielle Mittel zur Verfügung. Das Projekt soll eine faire Chance erhalten.

Im Herbst 1979 wird bereits rege gebaut in Atessa, rund 70 Kilometer südlich der adriatischen Hafenstadt Pescara landeinwärts im abgeschiedenen Val di Sangro gelegen. Immerhin kann die Infrastruktur mit zwei wichtigen Autobahnen in der Nähe überzeugen, einer großen Bahnlinie sowie einem Flugplatz. Die hohen Bergketten der wilden Abruzzen wirken von hier aus zum Greifen nah. Zwischen Bergen und Meer liegt die Provinz Chieti, es gibt wenig Arbeit in dieser archaischen Landschaft und kaum Wohlstand oder Chancen auf einen sozialen Aufstieg. Die junge Generation vermisst ihre Perspektive und flieht in den Norden des Landes, wo die Industrie mehr Arbeitsplätze verspricht. Oder gleich über die Alpen, nach Deutschland oder in andere Länder.

Das soll nun ein Ende finden: Nach nur zwei Jahren Bauzeit ist die erste Ausbaustufe des SEVEL-Werks fertig, aus dem Nichts entstanden, trotz seiner gewaltigen Dimension von 1,3 Millionen Quadratmetern Gesamtfläche. Beinahe ein Fünftel davon messen die Produktionshallen, zehn Prozent gehen für Straßen und Wege drauf, dazwischen wächst viel neu gepflanztes Grün. Am 28. November 1981 erlebt die hochmoderne Produktionsstätte mitten in einer elementaren politischen und wirtschaftlichen Krise ihre Eröffnung. Fiat inszenziert sich vor Ort mit einem Auftritt des übermächtigen Giovanni Agnelli, ein Unternehmen mit nahezu autoritärer Stärke. Fiat wirkt wie ein Staat im Staat.

Das Staunen ist groß. Plötzlich hält die Zukunft Einzug im Val di Sangro. Neuartige Schweiß-, Lackier- und Montageroboter kommen im neuen Werk SEVEL von Beginn an zum Einsatz, eine kataphoresische Tauchlackierung ebenfalls. Die Technologien und Methoden markieren die Weltspitze. Von Beginn an produziert SEVEL eine enorme Vielfalt an Karosserieformaten und Antrieben: Auf 164 unterschiedliche Versionen ist die Logistik bereits ausgelegt. Für die

Roboter am Werk SEVEL schafft viele Arbeitsplätze. Dennoch ist die Fertigung hochautomatisiert

bislang so abgeschiedene Region ist dieses Projekt ein gewaltiger Meilenstein, vor allem wegen der vielen Arbeitsplätze, die hier entstehen. Schon vor der Aufnahme der Produktion sind 260 Angestellte und 813 Arbeiter beschäftigt, wie die Schweizer Automobilrevue im Mai 1981 meldet. Die Zahl soll sich schnell verdoppeln, als täglicher Ausstoß sind für die erste Phase 350 Fahrzeuge avisiert – oder 80.000 pro Jahr.

Der neue Transporter X2/12, so der interne Code, soll unter verschiedenen Marken entstehen, um die Kooperationspartner in ihren Heimatmärkten zu stärken. In Italien startet das Modell als Fiat Ducato und Alfa Romeo AR6, in Frankreich als Citroën C25 und Peugeot J5, in Großbritannien zudem als Talbot Express. Dabei treten die Fahrzeuge, die sich von außen allein mit ihrem Kühlergrill unterscheiden, in der ersten Phase nicht gegeneinander an, sondern haben die Aufgabe, sich vor allem gegen externe Mitbewerber zu positionieren. Am ehesten vergleichbar von der Größe her sind der Ford Transit und der Volkswagen LT, die jedoch beide über konservativere Fahrwerke verfügen und zudem Heckantrieb aufweisen. Mercedes-Benz hält mit seinem modernen T1 (der Bremer Transporter) seit 1977 ein interessantes Modell in diesem Segment parat, setzt jedoch ebenfalls auf Heckantrieb. Den Part preisgünstiger Quereinsteiger übernehmen inzwischen zunehmend japanische Einfachkonstruktionen wie der Toyota HiAce. Eine andere Klasse bedient Volkswagen mit seinem T3, der beharrlich seinen Heckmotor verteidigt und somit beim Thema Stauraum bei weitem nicht mithalten kann. Trotz dieser Einschränkungen bleibt seine treue Fangemeinde riesig. Er punktet selbst auf dem nordamerikanischen Markt mit seinem teutonischen VW-Nimbus, aufgeladen mit Tugenden wie Zuverlässigkeit und Haltbarkeit.

Stückzahlen SEVEL wächst seit seinem Start 1981 kontinuierlich

Von Beginn an Die Fertigungstiefe des Werks ist erstaunlich hoch

Dieser Vergleich zeigt, wie weit der Ducato bereits die Zukunft des Segments antizipiert. Sein wegweisendes Triebkopf-Prinzip zeigt Wirkung, zudem verschafft er sich auf diese Weise schnell ein gutes Entrée in der Reisemobilbranche. Doch der Wettbewerb schaut genau hin, folgt ihm präzise nach und kann dennoch auf lange Sicht den erarbeiteten Vorsprung nicht mehr einholen.

Fiat und PSA haben alles richtig gemacht, und dennoch läuft in SEVEL nicht alles rund. Das Werk bewährt sich zwar mit seiner fortschrittlichen Planung, jedoch bremsen immer wieder Streiks und auch eine streckenweise einbrechende Nachfrage die Produktion aus. Damit bleiben die gebauten Stückzahlen in den ersten Jahren unter den technischen Möglichkeiten. Doch die Zeiten werden Ende der

Handarbeit Immer noch gibt es einige Arbeiten, die so viel Flexibilität fordern, dass sie von Menschen schneller erledigt werden

Automatisch gut Den größten Teil der Lackierung übernehmen effiziente und präzise Roboter

1980er-Jahre besser, die Modellvielfalt steigt, SEVEL erfährt einen weiteren Ausbau und erhält 1984 den lange geforderten Anschluss an das Bahnnetz. Die magische Marke von 100.000 Einheiten im Jahr reißt das Werk erstmals 1987. Mit umgerechnet rund 500 Fahrzeugen pro Tag brummt SEVEL an seinem Drehzahlbegrenzer.

So kommt das ambitionierte Werk gut durch sein erstes Jahrzehnt. Die einmillionste Transporter rollt am 11. November 1991 aus den Hallen, rund die Hälfte davon trugen das Fiat-Logo. SEVEL profitiert von viel Aufmerksamkeit. Laufende Erweiterungen und neue Technologien halten den Vorsprung, der Grad der Automatisierung steigt unaufhörlich. Neue, größere Kraftwerke entstehen, die Organisation der Produktionsabläufe bleibt stets progressiv. Arbeitsgruppen übernehmen in eigener Verantwortung ihre Teilaufgabe. Alles ist bestens aufgestellt, als 1992 einmal mehr die Konjunktur einbricht und in Folge die Nachfrage massiv sinkt. SEVEL muss kurzfristig die Produktion unterbrechen, deren Kapazität zeitgleich für die zweite Generation, die 1994 anläuft, auf 800 Einheiten am Tag anwächst. Eine im Grundsatz richtige Entscheidung: Parallel zur Lancierung des neuen Modells greifen europaweit die Käufer wieder kräftig zu. Stolz melden die Verantwortlichen mit 139.000 Fahrzeugen im Jahr 1994 einen neuen Rekord, der Mut macht für die kommenden Jahre. Zu Recht, denn im Milleniumsjahr 2000 verlassen nicht nur über 188.000 Ducato, Jumper und Boxer das Gelände in Val di Sangro, auch die zweite Million ist abgezählt.

Mit rund 4500 Mitarbeitern sind nun mehr Menschen als je zuvor in SEVEL beschäftigt. Immer sichtbarer wird die Rolle des Eurotransporters in der wachsenden Reisemobilbranche: Rund die Hälfte aller nach Deutschland verkauften Fahrzeuge wird ihr Leben lang kein Material zu Baustellen fahren, sondern entspannt auf Campingplätzen Reisende beglücken. Munter geht es weiter, die dritte Million ist im Dezember 2005 produziert, das Werk wächst und erreicht inzwischen das Doppelte der Größe, mit der die Produktion rund ein Vierteljahrhundert zuvor begonnen hatte. Bis zu 1000 Ducato, Jumper und Boxer verlassen in rund 3000 möglichen Spielarten jetzt jeden Tag das Werk, eine große Herausforderung für Logistik und Infrastruktur. Bei der dritten Ducato-Generation, die 2006 startet, hat sich die Zahl der

Viel Verkehr Jeden Tag verlässt eine vierstellige Zahl an neu gebauten Fahrzeugen das Werk SEVEL

möglichen Versionen sogar verdoppelt. Die SEVEL-Leitung verkündet die vierte Million im September 2010, die fünfte ist im März 2015 gebaut, die sechste bereits im November 2018, die siebte rund vier Jahre später. Inzwischen arbeiten rund 6400 Menschen hier, noch einmal so viele im unmittelbaren Umfeld bei Zulieferern und Partner. Jeder dritte in Europa verkaufte Transporter stammt aus diesem weltgrößten Werk für Nutzfahrzeuge. Es herrscht viel Verkehr: Jeden Tag bringen über 650 Lkw, acht Güterzüge und drei Cargoschiffe Bauteile und holen fertig gebaute Fahrzeuge ab. Übrigens hat jedes Exemplar, das in SEVEL gebaut wird, einen festen Besteller: Ducato & Co. auf Vorrat fertigt das Werk nicht.

Im Laufe von mittlerweile über vier Jahrzehnten hat sich nicht nur im Werk SEVEL viel getan, es sind auch neue Produktionsorte und Kooperationen hinzugekommen. Dazu gehört zeitweise das ehemalige Alfasud-Werk in Pomigliano d'Arco, mittlerweile SO.ME.PRA genannt, wo von 1988 bis 1994 hauptsächlich der kleine Bruder Talento vom Band läuft, jedoch auch einige Versionen des Ducato. Und dann ist da noch SEVEL NORD, ein ab 1988 geplantes Werk nahe dem französischen Valenciennes, das wie SEVEL SUD zu gleichen Teilen von Fiat und PSA gehalten wird. Von 1994 an laufen hier die zunehmend beliebten Kompaktvans und leichten Nutzfahrzeuge unterhalb des Ducato vom Band: Fiat Ulysse, Lancia Zeta, Citroën Evasion und Peugeot 806 heißen die zivilen Familienmitglieder dieser ersten Generation, die parallel vermarkteten Gewerbeprofis kommen als Fiat Scudo, Citroën Jumpy und Peugeot Expert zu ihren Käufern. Im Jahr 2012 kündigt Fiat den

Flotte Helfer Im Werk funktioniert der autonome Verkehr bereits. Diese Transporter fahren fertig montierte Armaturenbretter ans Band

Testrunde Auf dem Werksgelände absolvieren die fertigen Fahrzeuge einen kritischen Check auf dem kleinen Rundkurs

Ausstieg aus der von PSA gemanagten Kooperation SEVEL NORD an, dafür steigt Toyota ein. Diese Entscheidung ist keine Folge eines Streits, sondern einer strategischen Entscheidung: Als Fiat und Chrysler sich zusammenschließen, legen die neuen Bosse fest, dass alle Vans und leichte Transporter künftig von Chrysler kommen sollen. Heute ist das längst Geschichte, denn unter dem riesigen Stellantis-Dach ist auch Fiat hier wieder ab Bord.

Jetzt auch mit Blitz Unter dem Stellantis-Dach gibt es nun auch ein Opel-Derivat, das jedoch zunächst nicht in SEVEL vom Band läuft

Dass der Ducato sogar dereinst eine Karriere in Amerika starten sollte, ahnt bei seiner Geburt 1981 niemand. Und doch: Dank Chrysler verwandelt er sich in den RAM ProMaster, gebaut in Mexiko (siehe ab Seite 70). Und seit Stellantis als Mutterkonzern fungiert, gesellt sich Opel als Marke dazu: Mit dem Blitz auf dem Kühlergrill heißt der Ducato seit 2021 Movano, sogar als Elektro-Version tritt er an. Seine Vorgänger basierten noch auf dem Ducato-Konkurrenten Renault Trafic.

Diesen neuen Movano fertigt Stellantis jedoch nicht in SEVEL SUD, sondern seit Mitte 2022 gemeinsam mit einigen Versionen seiner Geschwister Fiat Ducato, Citroën Jumper und Peugeot Boxer im polnischen Werk Gliwice (Gleiwitz), wo ab 1996 hauptsächlich der Opel Astra entstand. Nach einem großen Umbau und soll die Kapazität der PSA Manufacturing Poland (PSA MP) auf bis zu 100.000 Fahrzeuge pro Jahr steigen. Der Fokus wird besonders auf Transportern mit Hybrid- und Elektroantrieb liegen. Übrigens: Auch Konzernwerke in Brasilien, Russland und der Türkei fertigten den Ducato.

Dieser Meister kommt aus Mexiko

Als Ram ProMaster rollt der Ducato durch die USA

260.000 Quadratmeter, bebaut mit modernen Fertigungshallen, über 2.500 Arbeiter, die in drei Schichten einen Ram ProMaster nach dem anderen produzieren – das sind die beeindruckenden Zahlen des Van Assembly Plant im mexikanischen Saltillo, Heimat des Europäers Fiat Ducato im Amerika-Outfit. Saltillo: Nicht umsonst wird die Hauptstadt des Bundesstaates Coahuila, die an der Panamericana und nur 300 Kilometer von den USA entfernt liegt, das Detroit Mexikos genannt. Zahlreiche Hersteller haben sich in der über 800.000 Einwohner großen Metropole niedergelassen. Die traditionelle Fertigung der berühmten Saltillo-Fliesen und der bunten gesponnenen Stoffe, Sarapes genannt, ist hier längst in den Hintergrund getreten. Die Industrie verdrängt das Handwerk, Fortschritt herrscht statt Folklore. Bereits 2011 erfolgt die Grundsteinlegung. Chrysler de Mexico investiert etwa 1,1 Milliarden US-Dollar in das Projekt, das sich ab 2013 auszahlen soll: Seitdem rollen dort Ram ProMaster vom Band. Die offizielle Eröffnung am 10. Oktober 2013 erfolgt im Beisein des damaligen mexikanischen Präsidenten Enrique Pena – ein Hinweis für die Bedeutung des neuen Werkes für das gesamte Land.

Was ab dem Herbst die Straßen Amerikas erobern soll, feiert bereits zuvor auf der Chicago Auto Show im Februar 2013 Premiere. Der Chrysler-Konzern präsentiert dort den in grundlegenden Details veränderten Ducato als eine Art Heavy-Duty-Version mit 16-Zoll-Fahrwerk und am Anfang seiner Karriere zwei Motoren: einem 3,6-Liter-Benziner im V6-Format mit 280 PS und Sechs-Stufen-Wandlerautomatik sowie einem 174 PS starken Dreiliter-Dieselmotor mit Common-Rail-Technologie samt Sechsgang-Schaltgetriebe. Für Chrysler entsteht mit der Fertigung des Ducato als Ram eine gute Gelegenheit, nach Beendigung der Partnerschaft mit Mercedes-Benz und des damit einhergehenden Verlustes des Dodge (Mercedes-Benz) Sprinter, loyalen Kunden wieder einen Kastenwagen aus dem eigenen Haus anbieten zu können.

Einheit Nummer 1 Der erste Ram ProMaster läuft Ende 2013 im mexikanischen Saltillo vom Band. Sein Ziel ist der Markt in den USA

Ram Truck hatte Chrysler 2009 als Marke eingeführt. Ihr Ursprung lag im Dodge Ram. Da Dodge in der Chrysler-Planung künftig als reine Pkw-Marke auftreten sollte, entschied man sich zur Eigenständigkeit von Ram (zu deutsch: Widder), die sich in markanten Schriftzügen an Bug und Heck manifestiert.

Stolz und Freude Rund 2500 Arbeiter fertigen das neue Modell mit seinen europäischen Wurzeln. Bis heute gilt der ProMaster als Erfolgsmodell in den USA

Größe zählt 260.000 Quadratmeter Produktionsfläche machen das Werk in Saltillo zu einem Schwergewicht bei leichten Nutzfahrzeugen

Im Portfolio der Marke vertritt der ProMaster fortan die Mitte zwischen den schweren Pick Ups (1500, 2500 und 3500) und dem kompakten Ram ProMaster City, der in der Türkei gebauten US-Version des Fiat Doblò.

Der ProMaster punktet 2014 bereits als Klassenbester in verschiedenen Disziplinen. Dazu gehören – auch dank des immer noch unüblichen Frontantriebs – der größte Laderaum der Klasse, der sparsamste Antrieb, ein kleiner Wendekreis und immerhin sechs Airbags als Standard sowie ein optionaler WiFi-Hotspot. Heute profitiert der ProMaster analog zu seinen europäischen Brüdern von den laufenden Weiterentwicklungen und verfügt zum Modelljahr 2023 unter anderem über einen Aufmerksamkeitsassistenten, Lane Assist und eine Rückfahrkamera, die ihr Bild in den Rückspiegel einblendet. Als Option lässt sich inzwischen LED-Licht ordern, wobei die Position der Hauptscheinwerfer verändert wurde, sodass sie bei einer Kollision besser geschützt sind. Das soll Reparaturkosten geringer halten. Der Ram ProMaster als Cargo Van, wie der Kastenwagen in den USA heißt, ist in vier Längen und drei Höhen erhältlich, inklusive des in Europa bereits bekannten Superhochdachs. Schon ab Werk lassen sich Ausbauvarianten realisieren und sogar Beschriftungen ordern. Als rundum verglaster Van kommt der ProMaster ab Werk ohne hintere Sitze. Zwei Versionen mit Fahrerkabine und offenem Rahmen sind ebenfalls bestellbar.

Nummerncode Typisch Ram: Auch der ProMaster läuft als 1500, 2500 und 3500 vom Band

Rohbau mit System Drei Fahrzeughöhen und vier Längen für jeden Einsatzwunsch

Mit einem Dieselmotor bietet Ram den ProMaster heute nicht mehr an. Derzeit beschränkt sich das Angebot an Verbrennungsmotoren auf einen respektablen Benziner, den 3,6 Liter großen Pentastar-V6 mit 276 PS und 250 Newtonmeter Drehmoment sowie einer Neungang-Automatik. Als Alternative bleibt die Elektro-Version: Eng angelehnt an den E-Ducato wird der Ram ProMaster BEV durch Amerika surren. Das Versandhaus Amazon hat bereits eine Order für den Neuen platziert und will auch digital bei Ram (und Stellantis) einsteigen: Alexa soll künftig als Sprachassistent implementiert werden.

Die Bedeutung des Ram ProMaster für den US-Markt ist nicht gering. Neben seiner Präsenz als Lieferfahrzeug wählen ihn viele US-Campingmobilhersteller als Basis. Einer der beliebtesten Modelle auf Basis des ProMaster ist der Winnebago Travato und sein größerer Bruder Solis, der den ProMaster mit langem Radstand und höherem Dach nutzt. Bereits der Travato bietet an Bord alles für eine entspannte Zweisamkeit, ein kleines Bad inklusive. Der Solis dagegen bietet dagegen vor allem: Platz für die ganze Familie. Auf Wunsch gibt es ihn mit einem großen, aufstellbaren Schlafdach. Für sein Modell Travato nimmt Winnebago in Anspruch, es sei das

Raum für Möglichkeiten Der niedrige Rahmen schultert auch in der neuen Welt alles von der Plattform eines Abschleppers bis zur mobilen Camping-Oase

am besten verkaufte Campingmobil der USA. Daneben tummelt sich eine Fülle weiterer Anbieter, darunter einige, die gebrauchte Lieferwagen für ein zweites Leben als Camper fit machen oder den Ram mit individuellen Aufbauten versehen – bis hin zum Expeditionsmobil reicht die Palette.

Zudem haben die Amerikaner Geschmack daran gefunden, kompakte Kastenwagen in Eigenregie zu Wohnmobilen auszubauen. Vom Weekender bis zum Erstwohnsitz auf Jahre spannt sich das Portfolio. Die #vanlife-Szene setzt bewusste Kontraste zu den voluminösen Standards der Branche, den aus europäischer Perspektive stets riesig erscheinenden Alkoven-Reisemobilen oder den auf Bus- und Lkw-Chassis aufbauenden Class-A-Motorhomes.

Der aktuelle Trend zum kompakten Europäer verspricht Agilität und Leichtigkeit, er wirkt geerdet und modern zugleich. Wie einst der VW Käfer in den USA seinen erfolgreichen Weg zum Kultmobil einschlagen konnte, weil er als pointierter Kontrast zum Mainstream punktete, feiert heute der Fiat Ducato als bewohnbarer Ram ProMaster in den USA und weiteren Staaten jenseits des Atlantiks respektable Erfolge.

Neuer Standard Das Triebkopfprinzip setzt sich auf dem US-Markt erst spät durch. Der Heckantrieb galt lange als alternativlos

Helfer des Handwerks Auch in den USA bietet das Format ideale Möglichkeiten für Dienstleister

Fiat Ducato Typ 280 und 290

1981 bis 1994

Die neue Währung

Die große Freiheit beginnt hinter dem Fahrersitz

Die frühen Achtziger sind eine kurzweilige Zeit zwischen „Wetten dass..?" und „Da Da Da", doch den Umgang mit Kleintransportern dürfen wir uns im Rückspiegel der Autogeschichte nicht allzu vergnüglich vorstellen. Denn während bei den Personenwagen die Neuzeit begonnen hat, sind die meisten Ein- bis Zweitonner noch mit der archaischen Technik des Wirtschaftswunders unterwegs.

Sicher, die Ära des Windkanals hat damals schon begonnen, und zumindest gegen Aufpreis lässt sich jeder Mittelklasse-Pkw mit Servolenkung und Fünfganggetriebe ausstatten. Es sind nur noch ein paar japanische Kleinwagen, die auf schlechten Strecken mit ihren blattgefederten Starrachsen trampeln. Und seitdem es das T-Modell von Mercedes gibt, parken auch Kombis auch auf den Chefparkplätzen.

Volumenmodell Schon der Basis-Kastenwagen bietet beeindruckende 6,5 Kubikmeter Laderaum

In der gewerblichen Welt geht es dagegen so rustikal zu wie kurz nach Währungsreform. Der VW Bulli heißt zwar schon T3, aber als Basismotor muss noch immer ein Boxer mit 50 PS reichen. Natürlich sitzt er im Heck, wo er schon seit 1950 nicht hingehört. Die ewige Nummer zwei heißt Ford Transit und geht als letzter Eintonner mit vorderer Starrachse in die Geschichte ein. Es gibt auch noch einen Bedford Blitz, eine dünnhäutige Blechbüchse aus Großbritannien, deren Namen unter Opel-Händlern nur flüsternd oder schreiend genannt wird. Und die Japaner versuchen es mit kleinen Primitivlingen wie dem Toyota HiAce oder Mitsubishi L 300, die wenigstens billig sind, sich beim Fahren aber auch ganz genau so anfühlen.

Natürlich ist auch Fiat auf dem Transportermarkt vertreten, neben dem kantigen 242 mit dem kleinen 900 E und dem 238 (siehe Seite 36), aber diese beiden Antiquitäten spielen nur noch auf dem Heimatmarkt eine Rolle. Viel mehr Auswahl gibt es nicht im Transportersegment der frühen Achtziger, vor allem fehlt es an modernen Konstruktionen.

Umso mehr Aufsehen erregt das neue Gemeinschaftsprojekt von Fiat und PSA. Bereits im Frühjahr 1979 kündigen die beiden Hersteller unter dem Markenkürzel SEVEL (oder Sevel, die Schreibweisen unterscheiden sich) ein leichtes Nutzfahrzeug mit einer Tonne Zuladung an. Einen Namen hat das Modell anfangs noch nicht, doch das Entwicklungskürzel X2/12 verrät, dass der neue Transporter federführend bei Fiat entsteht, wo jedes neue Projekt mit einem X beginnt, dann folgt eine 1 für Personenwagen und eine 2 für Nutzfahrzeuge, und danach die laufende Entwicklungsnummer.

Starke Argumente Fünfganggetriebe und „der Komfort eines Pkw“ sind im ersten Prospekt von 1982 fett gedruckte Erwähnungen wert

Fuhrwerk Orange Im Farbprogramm des frühen Ducato sind die saftigen Siebziger noch nicht vorbei

100 Varianten Schon früh setzt Fiat auf eine breite Palette. Diese Anzeige für den Typ 290 stammt aus dem Jahr 1992

Einer für alle Das Bild italienischer Städte prägt der neue Ducato in den frühen 1980ern wie kein anderes Nutzfahrzeug

FIAT

Basisarbeit Das Ducato-Chassis ist mit und ohne Fahrerhaus erhältlich, die Hersteller vollintegrierter Wohnmobile finden das gut

Moderne Plastik Auch in vielen Mittelklassewagen der frühen 1980er-Jahre sieht es nicht adretter aus. Eine Ducato-Spezialität ist die Lenkradschaltung, die freien Durchstieg nach hinten ermöglicht

Natürlich gibt es noch keine Servolenkung im frühen Ducato, auch bis zum Auftauchen der ersten Exemplare mit Automatikgetriebe oder auch nur einem serienmäßigen Drehzahlmesser wird es noch mehr als zehn Jahre dauern. Stattdessen führt der Prospekt unter anderem die Anwesenheit von Tageskilometerzähler, Zigarettenanzünder sowie Belüftungsdüsen in der Mitte des Armaturenbretts auf.

Das alles finden die Tester der Fachpresse damals sehr lobenswert, auch wenn sich ihre Urteile heute so amtlich lesen wie eine EU-Verordnung, aber so sind die Zeiten: „Der Fiat Ducato ist nicht nur zeitgemäß motorisiert und in der Antriebsstrang-Auslegung optimiert, sondern auch sehr raumökonomisch konzipiert", doziert 1982 etwa das Fachblatt *Lastauto Omnibus*, dessen kritische Tester nur die rutschigen Kunstlederpolster in der Kabine und die vergleichsweise schwache Heizleistung des Ducato kritisieren. Und laut ist der Saugdiesel bei Tempo 110 oder 120 auf der Autobahn, aber dafür gibt es noch keine Minuspunkte, weil auch ein Golf I Diesel damals noch wie eine Rübenmühle klingt.

Urlaubsbeginn Der Dethleffs Pirat ist 1982 das erste Alkoven-Wohnmobil auf Ducato-Basis. Innen gibt's Holzdecken und Blümchenmuster

Der Pirat erobert den Campingplatz

Es gehört zum Erfolgsrezept, dass Fiat den Ducato gleich in 15 Versionen anbieten kann. Der erste deutsche Prospekt vom Mai 1982 zeigt ihn als Kastenwagen und Kombi, mit Hochdach und Pritsche und sogar als komfortablen Kleinbus namens Panorama. Und „für Motorcaravan und Schaufenster auf Rädern gibt es eine spezielle Ducato-Version: den Ducato mit Flachboden". Er eignet sich besonders für selbsttragende Aufbauten, alternativ können die Karosseriebauer auch ein Kastenrahmen-Chassis bestellen.

Dethleffs in Isny ist der erste Hersteller, der die Chance erkennt und am 15. Dezember 1981 ein historisch gewordenes Schreiben an Fiat schickt: „Wir sind Hersteller von Caravans und Motorcaravans und möchten unser Programm mit einem Chassis ca. 2 Liter Diesel mit Fahrerhauskabine, auf das wir unseren Motorhome-Aufbau setzen, erweitern". Im Sommer 1982 wird daraus der erste Auftrag über 40 Ducato-Fahrgestelle, davon 37 mit Diesel- und drei mit Benzinmotoren. Dethleffs macht sie zum *Pirat*, so heißt das kompakte Alkovenmodell, mit dem sich der Hersteller aus dem Allgäu auf dem Reisemobilmarkt durchsetzen kann. Die Einrichtung des *Pirat* steht im Kontrast zum kämpferischen Namen, ganz im Stil der frühen Achtziger rollt er in Beige- und Brauntönen mit floral gemusterten Plüschpolstern an. Selbst der Dachhimmel erinnert an die damals allgegenwärtigen Holzdecken in deutschen Wohnzimmern. Aber teuer ist der Pirat mit seinem Basispreis von 39.900 Mark nicht. Und sein Grundriss mit Heckbad, zwei Sitzgruppen, vier Betten und zwei Metern Stehhöhe, verteilt auf nur 5,35 Metern Länge, taugt noch heute als Beispiel geglückter Raumökonomie.

WEINSBERG
MOTOR-CARAVANS

FIAT
Ducato

Ausgabe 20. März 1982

Das schicke Wohnmobil Ducato mit geschlossenem Dach und Rammschutz vorne.

PREMIERE

Zum 70-jährigen Firmenjubiläum präsentiert WEINSBERG:

Das neue DUCATO Wohnmobil

FIAT hat den Ducato nach modernsten Erkenntnissen gebaut:
Stark, vielseitig, variantenreich.

WEINSBERG hat die neue Wohneinrichtung konzipiert:
Praxisgerecht, preiswürdig, komplett, in mehreren Versionen.

Der moderne Transporter von FIAT
+ Die optimale Ausstattung von WEINSBERG
= **Das** Freizeit-Mobil einer neuen Generation!

Frühbucher Mit diesem schwarzweißen Prospektblatt bewirbt Weinsberg 1982 den ersten Ducato-Kastenwagen. Das GFK-Aufstelldach gehört zur Serienausstattung

Tiefebene Für selbsttragende Aufbauten bietet Fiat den Ducato mit Flachboden an

Auch einen bewohnbaren Ducato-Kastenwagen gibt es im Frühjahr 1982 schon. Die Karosseriewerke Weinsberg im gleichnamigen Städtchen bei Heilbronn nennen ihn „das Freizeit-Mobil einer neuen Generation", als würden sie den großen Kastenwagen-Boom späterer Jahre schon ahnen. Die Schwaben gehören damals noch nicht zu Knaus, sondern arbeiten seit Jahrzehnten eng mit Fiat zusammen, unter anderem bauen sie in den Fünfzigern den Cinquecento zur Luxusversion mit Heckflossen und hinterer Panoramascheibe um. Und 1969 nimmt Weinsberg die ersten Wohnmobile auf Basis des Fiat 238 ins Programm.

Den Ducato bieten die Ausbauer wahlweise mit Heck- oder Bugsitzgruppe an, deren Polsterelemente sich leicht zum Doppelbett umstecken lassen, zwei weitere Reisende kommen im Aufstelldach „aus GFK mit Heckspoiler" unter. Ein Bad gibt es im Kastenwagen noch nicht, doch ein Küchenblock mit Zweiflammen-Gasherd und ein 45-Liter-Kühlschrank sind schon da, auch eine Truma-Gasheizung und „Übergardinen aus dichtem, doppelseitigem Chenille", wie der vierseitige Schwarzweiß-Prospekt aufzählt. Und das alles wiegt leer weniger als zwei Tonnen, selbst wenn der Ducato 13 mit Dieselmotor als Ausbaubasis dient.

Das Hobby-Kultmodell: Form, Farbe, Flachrahmen

Lange bleiben Dethleffs und Weinsberg mit dem Ducato nicht alleine auf dem Markt. Schon 1984 führt ein Fiat-Prospekt elf Hersteller von Ducato-Wohnmobilen auf, darunter auch Marktführer Hymer und die damals noch junge Edelmarke Niesmann + Bischoff. Und auf dem Caravan Salon, der damals noch in Essen stattfindet, steckt fast unter jedem fünften der 250 ausgestellten Reisemobile ein Ducato. Neben den allgegenwärtigen Alkoven sind skurrile Schöpfungen dabei, Heku aus Bielefeld etwa bietet den Ducato mit Absetzkabine an, und Bawemo in Erlangen macht ihn zum Luxusliner mit Tandemachse und Doppelboden, der allen Ernstes

Chefsache Firmengründer Harald Striewski (rechts) arbeitet selbst am Designmodell des Hobby 600 mit

Wohnkultur Ein luxuriöses Wohnmobil kann auch kompakt sein, der Hobby 600 beweist es in den Achtzigern

Goldstandard Der Hobby 600 wirkt wie eine Yacht auf Rädern, Form- und Farbgebung heben ihn von allen Wettbewerbern ab

den Namen *Highway-Zigeuner* trägt. Auch Hobby-Gründer Harald Striewski entscheidet sich für den Fiat und sein Flachrahmen-Chassis, als er 1984 den legendären 600 vorstellt, mit dem in Deutschland nicht weniger beginnt als der Durchbruch der Teilintegrierten.

Striewski gehört zu den großen Pionieren der deutschen Caravaning-Branche, seinen ersten Wohnwagen hat der Schiffbau-Ingenieur eigenhändig in der Rohbau-Garage seines Hauses in Fockbek bei Rendsburg gebaut. Als er 1982 mit der Entwicklung seines ersten Wohnmobils beginnt, sucht er seinen eigenen Stil, der sich absetzt vom Mainstream der weißen Alkoven und kantigen Vollintegrierten, die damals den Markt bestimmen. Statt dessen orientiert sich Striewski an den Formen hochpreisiger Yachten, als er mit seinen Mitarbeitern höchstpersönlich den ersten Prototypen baut. Mit dem Hobby 600 gelingt ihm ein Teilintegrierter von unverwechselbarer Ausstrahlung, das beginnt beim markanten hinteren Dachabschluss, setzt sich mit den schrägen Seitenfenstern fort und hört bei der großzügigen Verwendung von Velours und Kunstleder im Innenraum nicht auf. Mut zur Farbe bestimmt das luxuriöse Interieur, und statt der branchenüblichen Weiß- oder Beigetöne fällt der Hobby 600 mit schwungvollem Außendekor in Metallicgold, -rot oder -blau auf.

Die ersten 80 Exemplare verkauft Striewski gleich auf dem Caravan Salon, in den Folgejahren werden die Leser des Fachmagazins *promobil* seinen 600 zwölfmal hintereinander zum *Reisemobil des Jahres* wählen. „Harald Striewski hat es geschafft, im immer enger werdenden Reisemobilmarkt eine neue Klasse zu etablieren", schreibt *promobil* im ersten Test vom Januar 1985 und prophezeit, dass es bald Nachahmer geben werde. Tatsächlich bringt Frankia

Sammelwerk Der Fiat-Wohnmobil-Prospekt von 1984 listet bereits 14 Modelle von 11 deutschen Herstellern auf

Glückszahl Hobby-Chef Harald Striewski neben dem Ur-600 von 1984 und dem weiterentwickelten Modell von 2004

Groß gedacht Auch ein riesiger Kofferaufbau macht den Erfolgs-Transporter nicht schwach

kurz darauf einen weiteren Teilintegrierten namens 600 auf den Markt. Der große Frankia wird zwar nicht zum Kultmodell wie der Hobby, der sich bis 2006 im Programm hält, doch dafür gehört er zu den ersten Ducato-Wohnmobilen mit dem neu entwickelten Tiefrahmen-Chassis des Fahrzeugtechnik-Zulieferers AL-KO.

Erfolg hat einen Rahmen: das System AL-KO

Bereits in den späten 1970er Jahren arbeiten sie bei AL-KO im schwäbischen Kötz an einem variablen Tiefrahmenchassis für Wohnmobilhersteller. Die ersten Versuchsrahmen schrauben die Entwickler noch an einen Peugeot-J9-Triebkopf, doch es ist erst der Ducato, bei dem das neue Chassis zum Erfolg wird. Natürlich kommen die Aufbauhersteller auch mit dem serienmäßigen Kastenrahmen zurecht, doch speziell für die Entwicklung größerer und komfortablerer Wohnmobile dürfte das Rückgrat gerne leichter, breiter und flexibler ausfallen.

Das AL-KO-Chassis ist eine Lösung, die unter anderem die freie Wahl des Radstands erlaubt, zudem ist es feuerverzinkt und damit unempfindlich gegen Rost, ein Argument, das in den 1980ern eine immer größere Rolle spielt. Und auch der Abrollkomfort verbessert sich mit dem AL-KO-Chassis, dessen Drehstäbe die Unebenheiten der Fahrbahn feinfühliger filtern als die serienmäßigen Blattfedern.

Billig ist die neue Fahrkultur nicht, weil Fiat anfangs nur komplette Ducato-Fahrgestelle nach Kötz liefert. Und bei AL-KO greifen sie zum Winkelschleifer, trennen den Werksrahmen ab und lassen ihn verschrotten, bevor sie das neue Tiefrahmenchassis mit dem Triebkopf verschrauben. Es wird noch bis ins Wendejahr 1990 dauern, bis Fiat auch rahmenlose Ducato-Fahrerhäuser liefert, die im janusköpfigen Doppelpack von den Abruzzen nach Schwaben reisen – Rücken an Rücken miteinander verschraubt, so haben es sich die AL-KO-Entwickler ausgedacht.

Der Power-Ducato: So schnell kann's gehen

Mit dem AL-KO-Chassis verbreitet sich der Ducato zunehmend auch als Vollintegrierter mit doppeltem Ladeboden und langem Radstand, eine Marktnische, die bis dahin Mercedes-Benz alleine für sich und seine *Bremer Transporter* füllt. Dass deren Marktführerschaft bröckelt, liegt zum einen am freundlichen Preis des Fiat, zum anderen bietet der Ducato ab 1986 auch den moderneren Motor. Der Turbodiesel-Direkteinspritzer mit 92 PS hat sich zuvor schon im größeren Iveco Daily bewährt, und mit seiner Anwesenheit im Ducato beginnt die Ära der schnellen Transporter, die auch auf der linken Spur mithalten können. Ein gut eingefahrener Turbo-Ducato rennt 140 km/h und ist damit schneller als viele Klein- und Kompaktwagen jener Zeit.

Selbst die Fachmänner von *Lastauto Omnibus* staunen, als sie aus dem ersten Testwagen steigen, denn „der bullige Motor bügelt leichte Steigungen noch im fünften Gang glatt". Und selbst ein Anhänger mit Tandemachse und 4,8 Tonnen Gesamtgewicht verwandeln den Eiltransporter nicht zum Hindernis für den Verkehr. Tatsächlich hat Fiat mit dem Turbodiesel nicht die Caravaning-Branche im Blick, sondern die vielen kleinen Spediteure, die den spritzigen Kastenwagen mit ein paar Umbauten als Personenwagen zulassen können. Damit hebeln sie das Güterkraft-Verkehrsgesetz aus und brauchen für ihr Geschäft nur einen Gewerbeschein. Gleichzeitig passt der neue Motor so gut zu großen Wohnmobilen, dass der Ducato bei Marktführer Hymer erst den Ford Transit und dann auch den *Bremer Transporter* von Mercedes-Benz aus dem B-Klasse-Angebot drängt. Und die B-Klasse ist schon damals, in den Achtzigern, für Hymer das wichtigste Modell.

Machen wir's kurz: das Intermezzo des Talento

Es sind die Jahre des ersten großen Reisemobil-Booms, und der Ducato profitiert davon: Zum ersten Mal werden in Deutschland 1988 mehr als 10.000 Wohnmobile auf Fiat-Basis verkauft, und nur drei

Schwerarbeiter Der Ducato Maxi darf maximal 3,5 Tonnen wiegen, 16-Zoll-Räder und eine verstärkte Karosserie sind ihm dabei behilflich

Machen wir's kurz Wo es an Parkraum fehlt, spielt der Talento seine Vorteile aus. Seinem Fahrer bietet er denselben komfortablen Arbeitsplatz wie der Ducato

Jahre später liegt die Zahl schon doppelt so hoch. Anteil daran hat auch der Talento, ein Schrumpf-Ducato mit kurzem Radstand, der eigentlich für die Kurzstrecken von Händlern und Handwerkern vorgesehen ist. Am liebsten würden sie ihn bei Fiat gar nicht an die Reisemobil-Hersteller liefern, weil er nicht mehr als ein improvisierter Nachfolger für den Winzkombi 900 E gedacht ist. Mit 2,09 Meter Breite und 4,15 Meter Länge sieht der Talento aus wie die Requisite eines Slapstickfilms. Und doch dringt er als Reisedomizil für Singles und Minimalisten auf die Campingplätze der Wendejahre vor. Dethleffs, Hymer und Frankia machen ihn zum Alkoven, in dem bis zu fünf Reisende unterkommen.

Sie müssen hart im Nehmen sein, denn „aufgrund des kurzen Radstands kommen Unebenheiten wie ein Doppelschlag zum Fahrer durch", wie *Lastauto Omnibus* im ersten Test von 1989 notiert. Und wenn dem Ducato gleich mehrere Bodenwellen im Weg sind, „fängt er an zu hoppeln wie ein Kaninchen oder gar zu bocken", weshalb das Fachblatt zum Vermeiden von Leerfahrten rät, „denn erst ordentlich Ballast stellt ihn ruhiger". Ein normaler Ducato 10 ist nur 2200 Mark teurer, es liegt also nicht am Preis, dass der Talento als Wohnmobil recht beliebt ist, sondern eher daran, dass er mit nur knapp über vier Metern Länge perfekt in innerstädtische Parklücken passt. Nur fünf Jahre bleibt der Talento im Programm, dann kommt der neue Scudo und damit ein Ende des Nischenmodells.

Kleine Fluchten Als Kompaktcamper – hier ein Alkoven von Frankia – erlebt der Talento einen kurzen Boom

Charakter-Knick Die abgesenkten Fensterkanten verraten den modellgepflegten Ducato, gebaut ab Herbst 1990

Bis zuletzt gibt es nicht vieles, was die Ducato-Modelle der ersten Serie voneinander unterscheidet. Fast ausgestorben sind sie heute mit dem Kühlergrill der ersten Serie, den es nur bis zum Sommer 1984 gibt, danach ist der Ducato an den fünf diagonalen Metallstreifen zu erkennen, dem neuen Logo der Marke.

Die Aufbauhersteller freuen sich gleichzeitig über die schräg gestellten Stoßdämpfer, die jetzt komplett unter dem Rahmen verschwinden. Im Sommer 1986, parallel zum Erscheinen des Turbodiesels, gibt es den Ducato auch als Maxi mit 3,5 Tonnen zulässigem Gesamtgewicht, der Saugdiesel leistet nun 75 statt 72 PS. Doch wohin die Reise der Transporter wirklich geht, zeigt 1988 der neue, agile 1,9-Liter-Turbodiesel mit 82 PS, der 45 Kilogramm weniger wiegt als die 2,4-Liter-Version.

Ab Herbst 1989 bestehen rund 30 Prozent der Ducato-Karosserie aus verzinktem Blech, in den Jahren zuvor waren es nur zehn Prozent. Und speziell die Baubranche freut sich über den neuen Ducato 4x4 mit Allradantrieb von Steyr-Puch, dessen Viskokupplung die Kraft des Motors variabel zwischen Vorder- und Hinterachse verteilt.

Für die Reisemobilhersteller ist das noch keine Option, weil es den Ducato 4x4 nicht als Maxi gibt, sondern nur in der Version mit drei Tonnen zulässigem Gesamtgewicht. Mit der Zuladung wird es auch deshalb knapp, weil die Allrad-Technik rund 150 Kilogramm extra wiegt. Nur Knaus Tabbert versucht es 1989 mit dem Prototyp eines Allrad-Wohnmobils, doch ein Serienmodell wird nicht daraus.

Vier Türen, fünf Streifen Die Doppelkabine gehört von Beginn an ins Ducato-Programm, das neue Logo im Grill kennzeichnet das Modell ab Sommer 1984

Nase vorn Mittelgroße Alkoven dominieren bis tief in die Neunziger den Reisemobilmarkt, der Weinsberg Meteor gehört zu den Erfolgsmodellen

Die letzte Runde: Feinschliff fürs Goldstück

Selbst für die langen Laufzeiten der Nutzfahrzeug-Branche kommt der Ducato allmählich in die Jahre, auch wenn er sich beim Fahren keineswegs alt anfühlt. Gegen die neuen Kontrahenten Ford Transit und VW T4 hilft ihm im Herbst 1990 ein kleines Facelift, das von außen vor allem an den nun schräg verlaufenden, unteren Fensterkanten der Fahrerkabine, den größeren Außenspiegeln mit Zweipunktbefestigung und weißen Blinkern zu erkennen ist. Wer ihn fährt, greift zu einem formschöneren Lenkrad und hat jetzt runde Lenkstockhebel in der Hand. Etwas leiser ist der Ducato geworden, das liegt an der besseren Dämmung zwischen Motorraum und Armaturentafel, zudem verstärkt ein neuer Wärmetauscher die Heizleistung und 70 Prozent der Karosserieteile tragen eine schützende Zinkschicht. Statt 280 heißt er jetzt 290, doch im Kern ist er der Alte geblieben, das erkennen Insider an der Lenkradschaltung, die er als letzter Transporter der zivilisierten Welt trägt, und am kastigen Armaturenbrett, das immer noch den Stil der frühen Achtziger konserviert.

Die Welt hat sich verändert, als im Februar 1994 die letzten von fast 550.000 Ur-Ducato das Sevel-Werk in den Abruzzen verlassen. Seit es den Ducato gibt, stellt sich ein guter Transporter auf seinen Fahrer ein, nicht umgekehrt. Der leichte Frachter war nie ein Gegner, der mit harter Federung und Kurvengetorkel nervt, sondern ein Kumpel, der den gewerblichen Alltag oder die Fahrt in den Urlaub ein bisschen vergnüglicher macht. Die Neuzeit im Transporter-Geschäft hatte im Herbst 1981 mit dem Ducato begonnen, auch das zeichnet sich im Rückspiegel der Automobilgeschichte bereits ab.

Grillparty Ducato bleibt Ducato, auch wenn ihn Dethleffs beim Globetrotter 1986 „aerodynamisch optimiert", wie es im Prospekt heißt

Mitnahme-Mentalität Die Anbieter von Spezialaufbauten machen den Erfolgstransporter zum Tandemachser, auf dessen Ladefläche ein Ducato-Chassis passt

Aus bestem Hause Mit Technik von Steyr-Puch gelangt Antriebskraft auch an die Hinterachse des Ducato

Vier Richtige Der Ducato mit Allradantrieb ist seiner Zeit voraus, das Konzept scheitert auch am Mehrgewicht

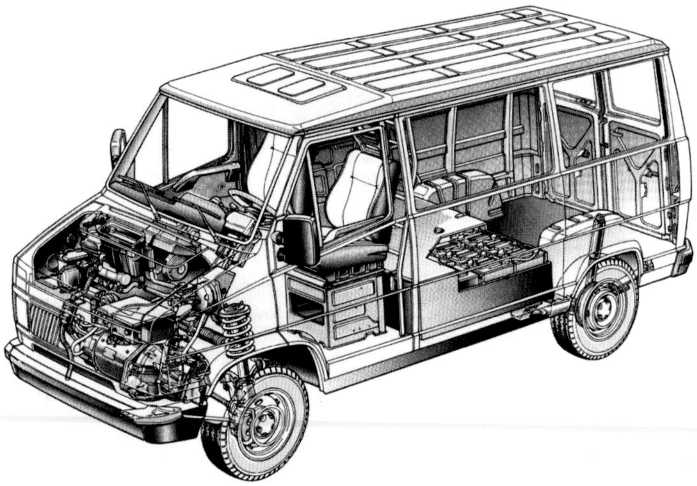

Früher Stromer Von 1989 bis 1993 surrt der Ducato Elettra an den Start. Seine Reichweite liegt bei bis zu 70 Kilometern

TO · 96099R

Fiat Ducato Typ 230 und 244

1994 bis 2006

Das Eckige muss ins Runde

Die zweite Generation: mehr Stil, mehr Kraft, mehr Fahrkultur

Natürlich lässt sich darüber streiten: Ist das nun eine Evolution oder eine Revolution? Es kommt auf den Standpunkt an, jedenfalls sieht der neue Ducato von 1994 völlig anders aus als sein Vorgänger. Klar, Biodesign ist damals ein großes Ding, selbst beim Nutzfahrzeugen, doch es sind nicht nur die Gestalter, die beim Entstehen der neuen Generation zu Wort kommen: Die Motoren sind stärker, das Fahrwerk ist besser, die Karosserie größer und um 25 Prozent verwindungssteifer. Und der Fahrer, der damals beide Ducato-Generationen kennt, nimmt das auch so wahr, denn im Vergleich zum kantigen Urtyp fährt sich die sanft gerundete Nummer zwei beinahe wie ein Personenwagen.

Doch natürlich ist bei den revolutionären Ansätzen das Prinzip gleichgeblieben: Triebkopf mit flachem Rahmen bei maximaler Robustheit. Also doch eine Evolution? Dafür ist die Entwicklung des neuen Ducato zu teuer, denn sie kostet Fiat und PSA die gewaltige Summe von umgerechnet 2,3 Milliarden Mark.

Familiengesicht Die geschlossene Blechnase mit tiefliegenden Lufteinlässen gehört in den 1990ern zur Fiat-DNA

Lichtgestalt Auf Anhieb fällt die großzügigere Verglasung auf – gerade beim Bus

Wer sich heute auf Deutschlands Straßen umsieht und durchzählt, wie viele der Wohnmobile auf dem Fiat Ducato Typ 230 und 244 aufbauen, der merkt, dass diese Diskussion vor allem eines ist: akademisch. Denn jeder, der einen solchen Ducato sein Eigen nennt, der schätzt ihn, weil sein blechernes Gerüst zu 70 Prozent verzinkt ist, weil seine Technikkomponenten solide sind, weil er sich immer wieder reparieren lässt, ohne dass es ein Vermögen kostet. Selbst als Handwerkerauto im täglichen Einsatz ist dieser Dauerläufer mitunter noch zu finden. Laufleistungen von 500.000 Kilometern und mehr mit dem ersten Motor sind belegt. Das ist weder eine Evolution noch eine Revolution – das ist eine Sensation.

Lade gut Die Schiebetür des Ducato misst üppige 1,27 Meter – mehr bietet damals keiner der Wettbewerber.

Glatter Erfolg Der Typ 230 überzeugt nicht nur mit elegantem Design, sondern auch mit seinem c_w-Wert von 0,35

Der Neue auf dem Platz Auch der zweite Ducato behauptet seine Position als Lieblingschassis der Reisemobilbranche. Fiat kennt die speziellen Bedürfnisse der Zielgruppe mittlerweile genau

Blau gemacht Die Wohnmobile der 1990er-Jahre werden immer anspruchsvoller, doch der Ducato hält mit. Hier ein Bürstner Argos mit Doppelsofa und Alkovenbett

Rund zur Freude 1997 stellt Hymer seine neue B-Klasse vor, die damals als schönstes Wohnmobil der gehobenen Klasse gilt. Natürlich steckt der Ducato darunter, vorzugsweise als Turbodiesel mit 115 PS

Hymermobil
HYMER
RV B 514

Luxus an Bord Die Bus-Variante heißt weiterhin Panorama. Dieses Modell aus dem Jahr 2000 besitzt sogar die äußerst selten bestellte Scheinwerferreinigung – und einen Allradantrieb

HN J 3948

Erfolg, von langer Hand geplant

Bereits sieben Jahre nach Marktstart des ersten Fiat Ducato laufen die Vorbereitungen für den Nachfolger an. Das Lastenheft zurrt die Eckpunkte fest: Das Triebkopf-Prinzip bleibt für die Väter des Erfolgswagens aus dem SEVEL-Werk gesetzt, auch die hintere Starrachse an Blattfedern ändern sie nicht. Selbst wenn Einzelradaufhängung und Schraubenfedern mehr Komfort versprechen – die Starrachse braucht weniger Bauraum, verhindert mit viel geringerem Aufwand eine zu starke Neigung in Kurven und ist sowohl leichter als auch solider. Und für die Entwickler hochpreisiger Wohnmobile gibt es den AL-KO-Rahmen, der sich inzwischen als kongeniales Ducato-Detail etabliert hat.

Ab Frühjahr 1990 werden die Planungen für das Projekt X2/30 konkret. Fiat und die Partner von PSA haben eine umfangreiche Marktbeobachtung in ihre Überlegungen einfließen lassen. Natürlich wissen die Entwickler, dass Mercedes-Benz an einer neuen Transporter-Generation arbeitet und Volkswagen nicht nur mit dem T4 Großes vorhat. Der im Moment noch sehr gut im Markt stehende und frisch überarbeitete Ducato Typ 290 wird es Mitte der Neunziger schwer haben. Das Ziel der Planung: mehr Flexibilität ab Werk, mehr Raum, mehr Haltbarkeit und mehr Komfort – weg vom Gefühl eines Lieferwagens und hin zur sanften Anmutung eines Pkw.

Die Flexibilität will man beim Kastenwagen mit drei Fahrzeuglängen und drei Fahrzeughöhen erreichen – wobei der Maxi wieder Synonym für maximalen Stauraum und hohe Zuladung wird, während der kurze Talento entfallen soll. Das Plus an Haltbarkeit bringt die weitgehende Teilverzinkung. Lediglich das Dach, die Türen (die der Kunde leicht hohlraumversiegeln kann) und wenige weitere Bleche, die Spritzwasser kaum oder gar nicht ausgesetzt sind, bleiben ausgespart.

Wenn es um die Pkw-Anmutung geht, dann spielen mehrere Faktoren eine Rolle. Einerseits haben die Entwickler bei der Ergonomie des Innenraumes hinzugelernt. In der Praxis bedeutet das: besser angeordnete Pedalerie, griffgünstiger gelegene Schalter, körpergerechtere Sitze. Der Clou aber ist der Schalthebel, der nicht mehr aus der Lenksäule wächst, sondern wie der Joystick eines Computers aus dem Armaturenbrett ragt und dank kurzer Wege zum Getriebe perfekt zu bedienen ist. Doch nicht nur die Ergonomie, auch die Anmutung im Innenraum

Neue Mitte Der Joystick-Schalthebel erweist sich als ergonomisch perfekte Lösung, die Bedienlogik des neuen Armaturenbretts entspricht den Fiat-Personenwagen

trägt mit zum neuen Fahrgefühl bei. Das Armaturenbrett ist nicht mehr kantig, sondern sanft geschwungen. Wer von einem Fiat-Personenwagen jener Zeit in den Ducato umsteigt, der findet praktisch alle Bedienelemente dort wieder, wo er sie auch beim damals kleinsten Fiat, dem Cinquecento, vermuten würde. Auch Details wie die serienmäßige Gurthöhenverstellung oder eine Umluftschaltung, Airbag und ABS, elektrische Fensterheber oder sogar eine Klimaanlage heben den Ducato auf ein neues Klassenniveau, auch wenn die meisten Sicherheits- und Komfortfeatures nur gegen Mehrpreis zu haben sind.

Und noch etwas hat der neue Ducato auf der Habenseite: sein Design, das den Sehgewohnheiten der Neunziger schmeichelt, den neuen Transporter aber sofort als Fiat erkennbar formen. Giorgetto Giugiaro und das Centro Stile Fiat machen das Eckige zum Runden. Statt kastig wie wie bisher tritt der neue Ducato rund und schnittig an, was sich auch im c_W-Wert von 0,35 widerspiegelt – zum Vergleich: Der Vorgänger bringt es nur auf 0,47. Das sieht nicht nur modern aus, sondern macht die zweite Auflage des Bestsellers auch sparsamer und komfortabler. Was aber zudem gelingt: Durch die weit nach unten gezogene Haube und den tief angeordneten Kühler werden die Lufteinlässe zu einem Teil der Stoßfänger. Und genau dieses Stylingelement lässt den Ducato sehr nahe an seine Verwandten im Pkw-Zweig der Fiat-Familie rücken.

Praktiker bemerken zudem die weiter heruntergezogenen Seitenfenster vorn. Schon mit dem Facelift des ersten Ducato hatten die Designer die Fensterlinie nach unten gezogen, nun wird die Rundumsicht noch ein bisschen besser. Große Fensterflächen in den Kombi- und Busversionen tragen ebenfalls hierzu bei. Die Höhe der Ladekante bleibt gleich, jedoch fallen alle Türöffnungen größer aus. Das Laderaumvolumen steigt von maximal 9,8 auf 14 Kubikmeter an. Der Rahmen bleibt weiterhin sehr niedrig – und doch wird der neue Ducato wesentlich verwindungssteifer als der Urtyp. Das Tankvolumen wächst um knapp 20 Prozent von 68 auf 80 Liter.

Premiere unter Druck – und stärkere Motoren

Mit Stolz zieht Fiat auf dem Genfer Salon 1994 das Tuch und zeigt erstmals den neuen Ducato, der nach fast 13 Jahren den Vorgänger ablöst. Trotz des Facelifts 1990 sind dessen Verkaufszahlen zuletzt eingebrochen. Der gesamte Nutzfahrzeugmarkt hat nach den Rekordzahlen der Wendejahre mit Verlusten zu kämpfen, das erhöht den Druck auf die Ingenieure und Entwickler, die ab 1992 bereits erste Testfahrten mit Versuchsträgern und ab Mitte 1993 mit Vorserienfahrzeugen unternehmen. Das neue Fünfganggetriebe ist bei Marktstart großzügig dimensioniert und verträgt bis zu 300 Nm Drehmoment. Die Motoren dazu sind zunächst noch größtenteils alte Bekannte aus dem ersten Ducato, die jedoch alle optimiert werden. Dies betrifft die Saugdiesel ebenso wie die Turbomotoren mit Wirbelkammer- und Direkteinspritzung. Dem stärksten Turbodiesel steht allerdings auch schon ein Modell mit Oxi-Kat und Abgasrückführung zur Seite, hochaktuelle Technologie, die mit fünf PS Leistungsverlust nicht zu hoch bezahlt ist. Neu ist ein Benziner mit 110 PS und quadratischer Auslegung von Bohrung und Hub (je 86 mm). Neben Fiat tritt auch der PSA-Konzern mit den Brüdern Jumper und Boxer an, die teils über eigene Motorisierungen verfügen. Somit ist der neue Gemeinschafts-Transporter, wie auch schon sein Vorgänger, weit entfernt vom schnöden Badge-Engineering, bei dem sich nur die Logos am Bug unterscheiden, sondern bleibt ein Typ mit drei Charakteren.

Die Fachwelt zeigt sich angetan vom neuen Ducato. Selbst die Presse erfährt während der Entwicklungszeit nicht viele Details, umso ausführlicher fallen im Frühjahr 1994 die ersten Testberichte aus. Die sachlichen Schreiber von *Lastauto Omnibus* nennen den neuen Ducato schon in der Überschrift eine „heiße Kiste" und meinen damit nicht die Wirkung der großen Glasflächen im Sommer, sondern den neuen Turbodiesel mit 115 PS, den sie mit schwerem Gasfuß über die bergige A8 zwischen Karlsruhe und Ulm prügeln, ohne ein „einziges Mal den größten Gang verlassen zu müssen und langsamer als 80 km/h zu werden". Nur an den höheren Widerstand des Schalthebels müssen sich die Testfahrer noch gewöhnen, das Gangwechsel-Gefühl kommt ihnen im Vergleich zum Vorgänger etwas straff vor. Aber das lässt sich mit der Feinjustierung der beiden Schaltzüge leicht beheben.

Jeder zehnte Ducato wird zum Wohnmobil

Auch das komfortabler gewordene Abrollen nehmen sie mit Wohlbehagen zur Kenntnis, ebenso die neue Lenkung, die Antriebseinflüsse weitgehend eliminiert – und die größte Schiebetür der Transporterklasse: Sie ist 127 Zentimeter breit. Und zwischen den Radkästen hinten gibt es stolze 139 Zentimeter Platz. Das Ergebnis: Nach dem mittelprächtigen Produktionsjahr 1993 (26.087 Fiat Ducato, 54.137 Transporter insgesamt) können sie im Werk SEVEL schon im ersten vollen Produktionsjahr des neuen Ducato

Heck in der Menge Mit der integrierten Leiter und dem großen Schriftzug macht sich der Knaus Traveller unverwechselbar. Basis des Erfolgsmodells ist immer der Ducato

Kompakt auf Reisen Auch Concorde, ein Hersteller der gehobenen Klasse, setzt auf den Fiat Ducato. Dieses Hochdachmobil entsteht im Jahr 2002

1995 durchatmen: 73.149 Ducato und 138.820 Transporter insgesamt verlassen Atessa.

Jeder zehnte Ducato reist übrigens über den Brenner, um in Deutschland zum Wohnmobil zu werden. Auch die Caravan-Marke Knaus gehört inzwischen zu den erfolgreichen Anbietern von Reisemobilen auf Ducato-Basis, das moderne Design mit den prägnant geformten GFK-Formteilen, der integrierten Leiter am Heck und den Dekorfarben Gelb und Grau lässt den Traveller so cool wie unverwechselbar werden. Der gebürtige Österreicher Peter Pössl rollt den Markt dagegen ab 1995 mit Ducato-Campervans zum Knallerpreis auf, die er bei Adria in Slowenien ausbauen lässt. Und die Reisemobil-Manufaktur La Strada im hessischen Echzell entdeckt den Ducato der zweiten Serie ab 1996 als Basis ihrer edlen Avanti-Baureihe, deren Ausbau mehr an ein Designer-Wohnzimmer als an ein klassisches Reisemobil erinnert.

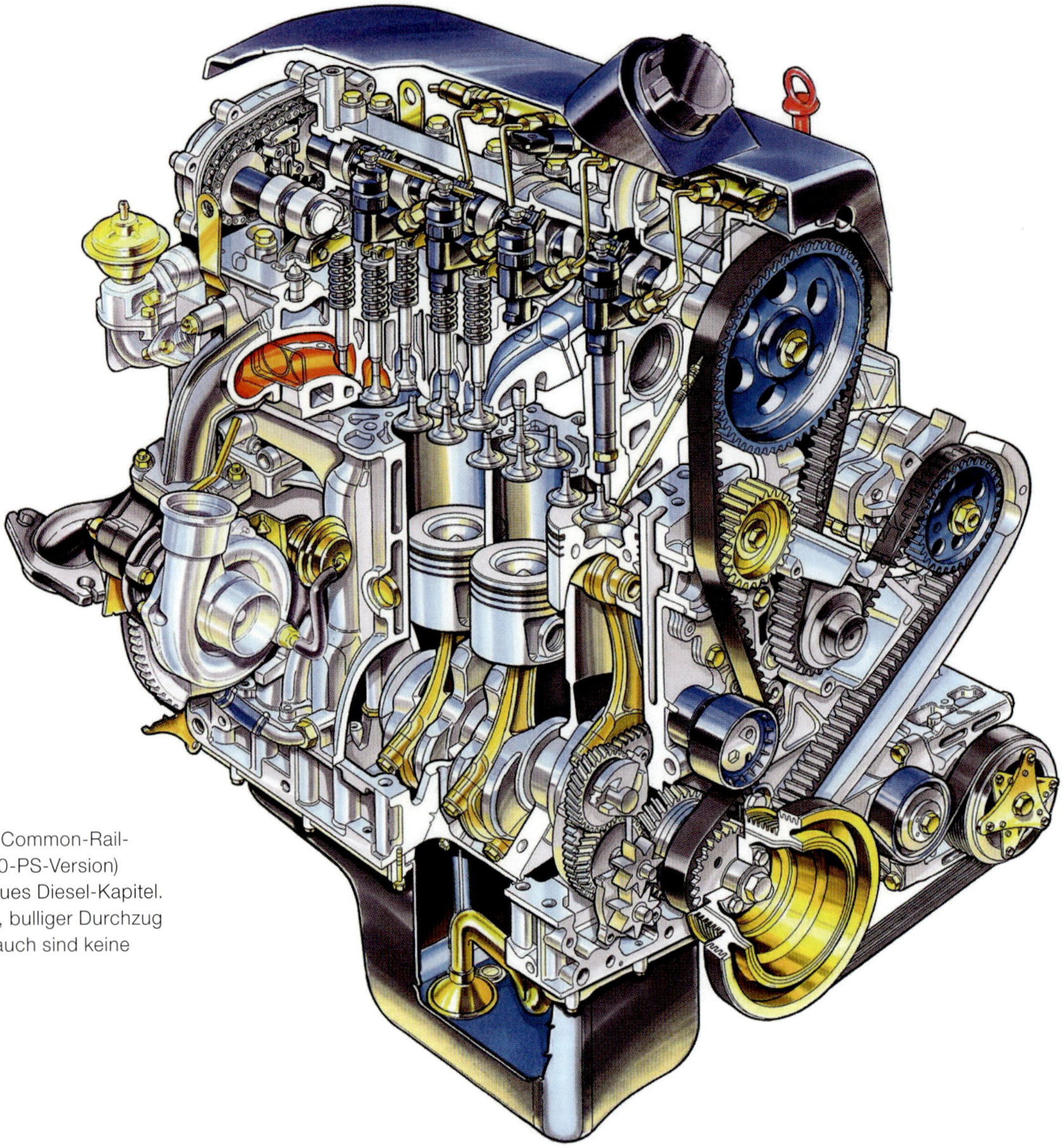

Sparkultur Mit den Common-Rail-Motoren (hier die 110-PS-Version) beginnt 2000 ein neues Diesel-Kapitel. Kultivierte Manieren, bulliger Durchzug und niedriger Verbrauch sind keine Gegensätze mehr

Es passt zur neuen Perfektion auf dem Campingplatz, wie konsequent zugleich Fiat an der Ducato-Basis feilt. Nach dem Fall der 80 km/h-Grenze für Transporter und Wohnmobile über 2,8 Tonnen in Deutschland ab September 1997 werden schnellere Versionen plötzlich interessanter für die Kunden. Es kommen 1998 also neue und stärkere Motoren hinzu, zunächst mit 2,8 Litern Hubraum und dann, ab 2000, mit Common-Rail-Einspritzung. Besser bekannt werden sie unter dem Kürzel JTD, das für Jet Turbo Diesel steht.

Ein kleines Facelift hält den Ducato im Sommer 1999 auch optisch frisch, dazu gehören die neuen, rundlichen Außenspiegel, eine serienmäßige Servolenkung und endlich auch ein serienmäßiger Drehzahlmesser. Und wer es bequem mag, für den hält Fiat ab 2001 eine Besonderheit parat: ein optionales Vierstufen-Automatikgetriebe, entwickelt von ZF und lieferbar mit den großen Motoren. Vor allem Reisemobilfahrer schätzen dieses Feature und greifen gern zu.

Klassische Moderne Mit dem Typ 244 kehrt der gewohnte Kühlergrill zurück

2002: Der Typ 244 rückt nach

2002 wird aus dem Typ 230 der modernisierte Typ 244, erkennbar am konventionellen Kühlergrill, den neuen, größeren Klarglas-Scheinwerfern und einer verspielteren, weniger konsequenten Front. Fiat gelingt es so – wieder im Verbund mit Giugiaro –, den Ducato auch weiterhin sofort als Familienmitglied sichtbar zu machen. Ganz nebenbei ändert sich auch das Fiat-Markenlogo: Kreisrund mit Schrift, so wie schon in den Sechzigern, statt der etwas kryptischen fünf Schrägstriche. Ganz neu präsentiert sich auch das Cockpit, dazu kommen als Innenraum-Highlights

Siebenschläfer Mit Tandemachse, Alkoven und bis zu sieben Betten zeigt der Bürstner Argos, was auf Ducato-244-Basis maximal möglich ist

Bestseller Die kompakten Hymer-Camp-Alkovenmodelle zählen bis in die Nullerjahre zu den meistverkauften deutschen Wohnmobilen

Herzstück Alle Technik, die es zum Fahren braucht, steckt im Triebkopf. Den Rest bauen die Wohnmobilhersteller drumherum

Erfolgsgeschichte Vor dem SEVEL-Werk steht 2002 nur ein kleiner Teil des Ducato-Programms. In diesem Jahr baut das Werk fast 180.000 Transporter, 99.000 davon tragen das Fiat-Logo

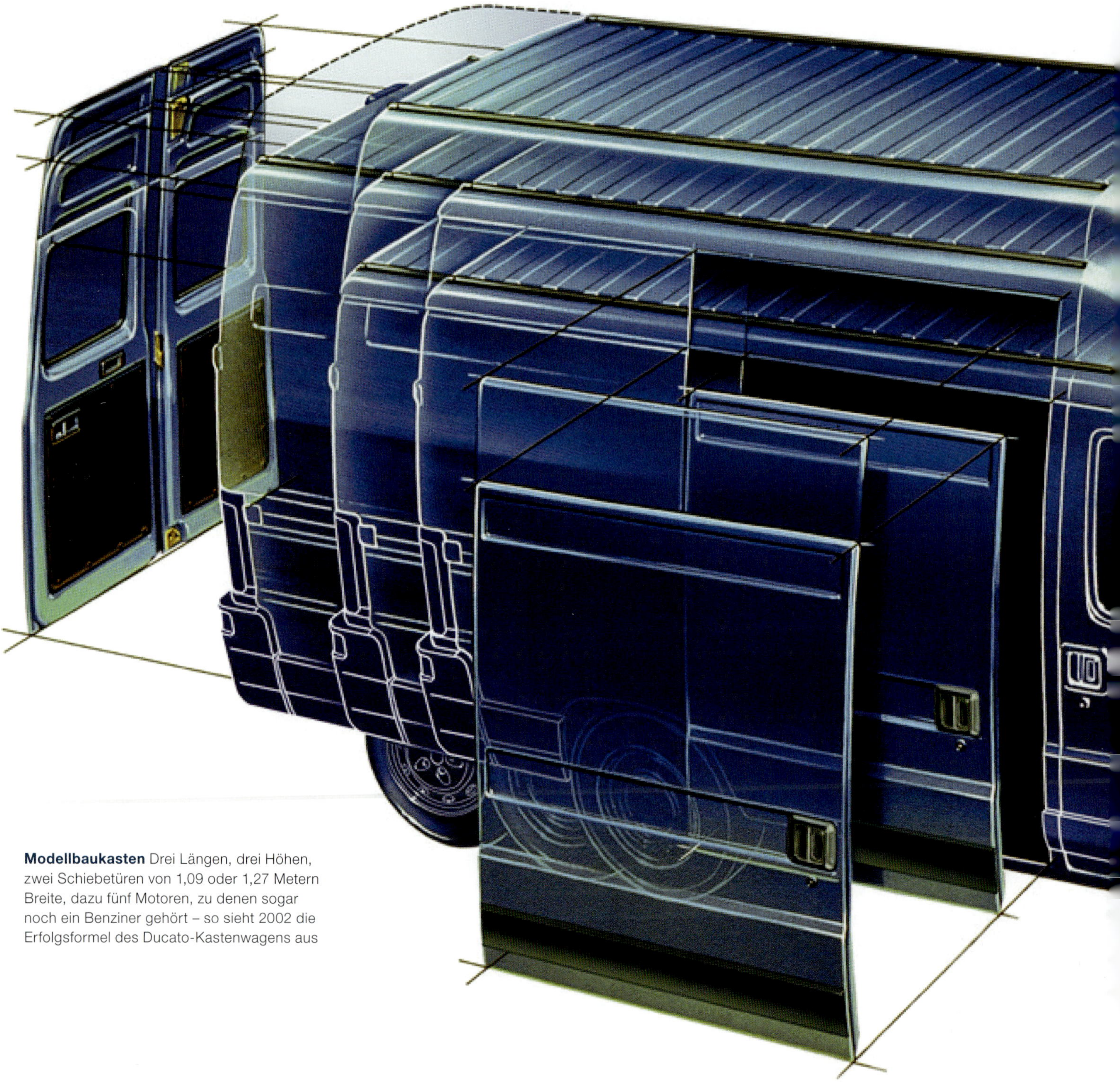

Modellbaukasten Drei Längen, drei Höhen, zwei Schiebetüren von 1,09 oder 1,27 Metern Breite, dazu fünf Motoren, zu denen sogar noch ein Benziner gehört – so sieht 2002 die Erfolgsformel des Ducato-Kastenwagens aus

Einfach genial Das aufstellbare Klemmbrett kommt mit der Modellpflege von 2002 – und ist seitdem nicht mehr wegzudenken

Sie haben Ihr Ziel erreicht Nicht nur das Cockpit des Typ 244 ist neu, sondern auch das optionale Navigationssystem

Mehr Halt Besser konturierte Sitze punkten mit neuer Höhenverstellung und größeren Kopfstützen

ein höhenverstellbares Lenkrad, verbesserte Sitze, ein größerer Beifahrerairbag, der nun auch eine mittig sitzende Person auf der Sitzbank schützt – und das alles in einer Güte der Materialien, wie man sie bisher noch nicht kannte. Weitere Verstärkungen in der Karosserie machen den Ducato zwar etwas schwerer, doch all diese Bemühungen zahlen sich aus: Der Ducato wirkt frischer und kann noch mehr zuladen. Die Bremsen packen nun vorn wie hinten auf Scheiben zu. Gute Nachrichten auch aus dem Motorraum: Effiziente Triebwerke, teils sogar mit 16 Ventilen (beim 2.3 JTD), geben dem Erfolgstyp noch mehr Kraft. Daran schließt sich ein überarbeitetes Getriebe an – Erkennungszeichen: Rückwärtsgang vorn links. Ein Motor verdient noch besondere Erwähnung: der 2.8 JTD Power, ein Kraftpaket, das aus dem Konzernbruder Iveco Daily jetzt auch in den Ducato einzieht. Bullige 146 PS und 310 Nm Drehmoment schon ab 1500 Umdrehungen sind seine Markenzeichen, die Einbaurate bei den Ducato-Wohnmobilen fällt entsprechend hoch aus. Generell sind die Verkaufszahlen des zweiten Ducato zum Ende seiner Karriere nicht nur stabil, sie weisen zuverlässig nach oben.

Rekorde auf der letzten Runde

Sondermodelle mit schicker Innenausstattung zum Preisvorteil läuten die letzte Runde nach knapp 12 Jahren Bauzeit ein. SEVEL verabschiedet sich langsam vom Typ 244. Schon längst ist die Entwicklung des Nachfolgers angelaufen, sein Marktstart ist für 2006 geplant. Doch zum guten Schluss hat Fiat noch einige gute Nachrichten zu verkünden: 2005 wird der Ducato wiederum zu einem starken Player auf dem Wohnmobilmarkt. Trotz der langen Bauzeit scheint das Interesse am Ducato bei den Herstellern des mobilen Wohnens ungebrochen. Sie tragen mit dazu bei, dass Fiat allein in Deutschland

Schutzgebiet Neu sind beim Typ 244 auch die seitlichen Flanken, die Parkrempler ohne Schäden wegstecken sollen

Gefeiert Der dreimillionste Ducato ist 2006 ein weißer Kastenwagen, er geht an einen deutschen Kurierdienst, nicht ins Museum

Gestreckt Mit dem fast neun Meter langen Elegance stößt Bürstner 2005 in die Oberklasse vor

22.500 Ducato absetzt und Marktführer im Wohnmobilbereich bleibt. Zulassungsanteil der Marke: 66 Prozent!

Und dann ist da noch der dreimillionste Transporter aus dem Werk SEVEL Sud – ein Fiat Ducato 2.3 JTD. Ausgeliefert wird der Großraum-Kastenwagen von der Fiat Niederlassung Düsseldorf an einen örtlichen Kurierdienst, der bereits mehrere Fiat Ducato im Fuhrpark einsetzt. Drei Millionen – eine schöne, runde Zahl zum Schluss eines erfüllten Transporterlebens. Und doch erst Teil zwei der Geschichte.

Geliebt Zwei von drei deutschen Wohnmobilen basieren 2005 auf dem Ducato, Bürstner in Kehl gehört zu den Großabnehmern

Universalist Fiat zeigt den Ducato stets gern im Einsatz für Hobby und Sport. Dieses Motiv mit einem Rennkart stammt aus dem Jahr 2002 – und ist typisch für die frühen Nullerjahre

Fiat Ducato Typ 250

seit 2006

Die Trilogie des Logischen

Die dritte Generation: auf dem Weg zum modernen Klassiker

Seien wir ehrlich: Nach einer Trilogie wird es meist nicht mehr besser. Egal ob *Star Wars* oder *Herr der Ringe* – nach drei Filmen ist alles gesagt. Was dann noch kommt an Davor und Danach, ist bestenfalls Geplänkel fürs Geklingel in der Kinokasse. Nun ist der Nutzfahrzeugmarkt kein Fantasy-Epos, sondern so real wie die Tagesschau. Wäre also Schluss nach drei Folgen eines Fahrzeuges, dann wären Fernfahrer noch heute Kapitäne der Landstraße und Lieferwagen so bequem wie eine gotische Kirchenbank. Nun liegt dem Ducato der Baureihe 250 die Gotik fern, ein biblisches Alter erreicht er inzwischen dennoch. Dank sorgfältiger Modellpflege und innovativer Gadgets beweist der auch optisch stets frisch gehaltene Alleskönner selbst nach 15 Jahren sein Format: enorm vielseitig ab Werk und offen für Umbauten aller Art. So, wie man es von einem Fiat Ducato seit jeher erwartet.

Gefühlssache Das neue Ducato-Design soll nicht nur gut funktionieren, sondern auch Dynamik und Emotion vermitteln – sagt der Hersteller

Erfolg macht Schule Als Personentransporter macht sich der Ducato in Deutschland rar, das ist in seiner Heimat ganz anders

Lun 4 Gen
0:50
FIAT

Form und Funktion Es gibt Cockpits, die man kaum verbessern kann, das beweist der Arbeitsplatz des Ducato Typ 250. Nur das portable Navigationsgerät wirkt inzwischen antiquiert

neu entwickelte Rahmen an – ideal für den Transporter und perfekt für alle Aufbauhersteller, die den Ducato mit Serienrahmen zum Rettungswagen oder Reisemobil machen.

Bessere Verhältnisse Für viele Camper beginnt das luxuriöse Leben mit einer Hymer B-Klasse. Der Ducato Typ 250 passt zum hohen Anspruch der oberschwäbischen Traditionsmarke

Die funktionale Innenausstattung des Ducato gewährt an einigen Stellen noch den Blick aufs lackierte Blech, ist in den Materialien auf Haltbarkeit getrimmt und sichert neben der hohen, aber bequemen Sitzposition auch die intuitive Bedienung des neuen Transporters. Es gibt nur wenige Tasten, die sich in der Mitte der Instrumententafel versammeln, darüber sitzen die Heizungsregler und immer öfter auch ein Radio mit Navi-Funktion, aber der Blick ins Handbuch erübrigt sich auch beim Erstkontakt mit dem Ducato der dritten Generation. Viele nützliche Ablagen gibt es außerdem und eine recht gute Abschirmung gegen Motorgeräusche, die ausschließlich von Selbstzündern ausgehen. Zur Wahl stehen Wahl drei 16-Ventil-Aggregate, die mit 2,2 Litern Hubraum runde 100 PS (250 Nm), bei 2,3 Litern wahlweise 120 oder 130 PS (10 PS mehr für Reisemobile, jeweils 320 Nm) oder aus 3,0 Litern 157 PS (400 Nm) leisten. Von der Version mit Allradantrieb ab Werk verabschiedet sich Fiat mit dem neuen Modell. Künftig überlässt man das Nischengeschäft dem französischen Spezialbetrieb Automobiles Dangel, der in den Siebzigern schon den Peugeot 504 saharatauglich gemacht hat.

ESP für alle – gar nicht einfach für Camper

Vergleichsweise umfangreich fällt die serienmäßige Sicherheitsausstattung aus, auch wenn sich die Anzahl der elektronischen Helfer noch nicht mit den Vollkasko-Paketen eines Premium-Pkw vergleichen lassen. Aber ABS, Antriebsschlupfregelung, Fahrer-Airbag und ein mechanischer Bremsassistent mit elektronischer Bremskraftverteilung gehören immer dazu, gegen Aufpreis natürlich auch ein Beifahrer-Airbag, ESP und sogar ein Adaptives Stabilitätsprogramm namens LAC. Im Rückblick ist es schwer zu glauben, doch bei Wohnmobilen schreibt der Gesetzgeber den Schleuderschutz erst ab Herbst 2014 vor, und ebenso lange dauert es bei vielen Aufbauherstellern, bis das ESP kein teures Extra mehr ist. Fast jeder Camper bestellt es schon vorher mit, die meisten Mobile gibt es gar nicht ohne ESP. Und doch müssen Käufer gebrauchter Ducatos damit rechnen, dass Ausnahmen die Regel bestätigen – gerade bei schweren Tandemachsern mit AL-KO-Tiefrahmen ist das der Fall, denn sie sind wegen des hohen Abstimmungsaufwands die letzten Wohnmobile, die ohne ESP auf die Reise gehen.

Wie wichtig Fiat den Wohnmobilmarkt nimmt, zeigt sich bis heute an der grundsätzlichen Entscheidung, ab Werk wieder Basismodelle mit verändertem Radstand oder breiterer Spur anzubieten – aber auch an Kleinigkeiten, von denen alle Käufer profitieren. Beispiel: Weil eine Dach- oder eine lange seitliche Antenne bei Mobilen mit Alkoven nicht in Frage kommt, steckt die nun geschützt gegen Wind und Vandalismus im Außenspiegel.

Mut zur Farbe Lackierte Stoßfänger und metallicrote Kabine machen den Dethleffs Advantage 2010 zur auffälligen Erscheinung. Mit Modellen wie ihm beginnt der große Durchbruch teilintegrierter Wohnmobile

Trendsetter Die Kastenwagen kommen, ihr Marktanteil steigt seit den Nullerjahren unaufhörlich. Die Basis: fast immer ein Ducato

Hohe Kunst Zu den Besonderheiten des La Strada Avanti zählt der doppelte Ladeboden, das Superhochdach des Ducato sichert die üppige Stehhöhe

Showbusiness Wer sagt, dass ein Ducato vom Sport befreit sein muss? Der Truckster zeigt 2007, wie ein Renn-Ducato aussehen könnte

Zur Nutzfahrzeug-IAA 2007 überrascht Fiat mit der fantasievollen Renntruck-Studie *Truckster*, die das Prinzip Ducato auf den populären Sport überträgt. Mit Flügeltüren, weit ausgestellten Kotflügeln und ohne jeden Nutzwert ist dieser Ducato das, was er auch sein will: ein Hingucker, der eine möglichst hohe Medienreichweite sichern soll. Und doch weisen an ihm schon erste kleine Details in die weitere Zukunft, denn der Truckster hat bereits LED-Scheinwerfer. Und die finden sich später tatsächlich in der Serienversion des Erfolgsmodells wieder.

Fünf Jahre dauert es bis zur ersten umfangreichen Modellpflege, das spricht fürs Design und die Marktposition des dritten Ducato. Von außen ändert sich 2011 praktisch nichts, doch in der Fahrerkabine zeigt sich sofort, wo Designer und Techniker Hand angelegt haben. Dass oben auf dem Cockpit nun eine Halterung fürs Navigationsgerät sitzt, gilt damals als fortschrittliches Detail, so lange ist das schon wieder her. Zudem verströmen neue Kunststoffe etwas mehr Pkw-Flair, was zusammen mit neuen Sitzbezug-Designs und optisch ansprechenderen Seitenverkleidungen für mehr Wohnlichkeit sorgt.

Oberklasse Wurzelholz im Ducato, wer macht denn sowas? Die Käufer hochwertiger Wohnmobile wissen solche Aufwertungen durchaus zu schätzen

Herzlichen Glückwunsch Der Typ 250 erscheint fast pünktlich zum 25-jährigen Produktionsjubiläum – und zeigt im Vergleich, wie wichtig das Design eines Nutzfahrzeugs geworden ist

Beim Tritt aufs Gas offenbart das Facelift-Modell sein neu gewonnenes Potenzial. Den Basis-Diesel mit 100 PS gibt es nicht mehr, bei Wohnmobilen hat er ohnehin keine Rolle gespielt. Der schwächste Ducato leistet jetzt 115 PS aus zwei Litern Hubraum und stellt ein maximales Drehmoment von 280 Nm bereit. Zwei weitere Diesel kommen mit 130 PS (320 Nm) oder 148 PS (350 Nm) aus 2,3 Litern, da-

Die Farbe des Gelbes Seit den Nullerjahren ist der Ducato im deutschen DHL-Fuhrpark unterwegs

Starkes Team Fußballtrainer Giovanni Trapattoni steigt 2013 als Markenbotschafter bei Fiat Professional ein

Schöner Arbeiten Der Alltag für den Ducato und seine Besatzung ist um einiges härter, als die Werbemotive es zugeben. Doch der Fiat ist bestens für seine Aufgaben gerüstet

Probier's mal mit Gemütlichkeit Das automatisierte Schaltgetriebe verspricht erheblichen Komfortgewinn, ist aber kein Partner für eilige Fahrer

rüber rangiert der Dreiliter als Spitzenmotor mit 177 PS und unverändert 400 Nm. Als neues Komfort-Plus zieht ein automatisiertes Schaltgetriebe in den Ducato ein, das die Fahrstufen zwar mit großer Sanftheit wechselt, sich für manche Schaltpausen aber mehr Zeit lässt als es zum Aussprechen des Wortes „Zugkraftunterbrechung" braucht. Trotzdem verbreitet sich die Automatik besonders in Ducato-Reisemobilen, deren Käufer sie mehrheitlich als Beitrag zum entschleunigten Reisen sehen.

Doppelleben als Dodge – mit V6 und 280 PS

Die sich anbahnende Ehe von Fiat und Chrysler wirft schon 2013 ihre Schatten voraus. Als Ram ProMaster feiert der Ducato seine Premiere im amerikanischen Markt. Hergestellt wird er seitdem im mexikanischen Chrysler-Werk (siehe ab Seite 70), doch anders als seine europäischen Verwandten darf er mit spürbaren Extra-PS über den Highway cruisen. Sogar zum Wohnmobil machen ihn die Amerikaner. Im Programm der US-Kultmarke Winnebago rangiert der Travato auf Basis des Ram Pro-

Doppelleben In Amerika ist der Fiat Ducato ein Ram ProMaster – und ersetzt den Mercedes-Benz Sprinter

Ein Italiener in New York Das traditionelle Fadenkreuz-Logo im Kühlergrill signalisiert die Nähe zur Marke Chrysler

Master als exklusives Einstiegsmodell der Class B, wie die Kastenwagen in den Staaten heißen. Trotz eines Grundpreises von stattlichen 152.000 Dollar ist er Amerikas meistverkaufter Campervan, weil so ein 6,36-Meter-Travato ganz easy in die Einfahrt jedes Vorstadt-Familienhauses passt und Mom und Dad damit auch zur Shoppingmall oder zur Arbeit fahren können.

Mehr Motor Die Triebwerke des US-Ducato kommen aus dem Chrysler-Regal

Der Preis ist heiß Im Programm des US-Wohnmobilherstellers Winnebago ist der Solis ein Modell für Einsteiger – zum deutlich sechsstelligen Tarif

Begrenzte Möglichkeiten Extralange Einzelbetten und Heckbad, aber wohin mit dem Gepäck? Die Amerikaner ticken anders, wenn es um Wohnmobil-Grundrisse geht

Everybodys Darling Der Travato ist nach Angaben des Herstellers der bestverkaufte Campervan Amerikas

Eine Motorgröße, 300 Karosserievarianten

Mit entschlossenerem Gesichtsausdruck fahren der Ducato und sein Brüder seit 2014 weiter. Fiat und Chrysler werden zum Verbund, was aber für den Ducato kaum eine Rolle spielt. Zur Bereinigung der Motorenpalette kommt es 2016, als Fiat den 2,3-Liter-Motor mit 113 PS und den Dreiliter aus dem Programm streicht. Stattdessen erstarkt der 2,3-Liter auf die vom größeren Motor gewohnten 177 PS bei wiederum 400 Nm. Hubraum ist eben doch zu ersetzen, wenn es die Prozesse eines Großkonzerns fordern, auch wenn Diesel-Gourmets den Großkolbenmotor im Ducato-Programm vermissen. Doch ein anderes Ereignis dieser Zeit ist viel wichtiger: Das SEVEL-Transporterwerk meldet einen nächsten Produktionsrekord, als im März 2015 ein Fiat Ducato Panorama 2.3 MultiJet das Werk verlässt – der fünfmillionste Transporter, der dort seit 1981 entstanden ist.

Wir erinnern uns, die Geschichte beginnt mit 350 Fahrzeugen am Tag, und 2015 sind es bis zu 1000, die das Werk unangefochten zum größten Arbeitgeber der Region machen. Über 6.000 Menschen arbeiten bei SEVEL und bauen dort 30 Prozent aller europäischen Transporter. Aus allen Konfigurationen von

Zweiter Blick Neue Scheinwerfer, frischer Grill und markante Sicken in der Motorhaube kommen zur kleinen Modellpflege im Juni 2014

Neue Größe Sunlight gehört zu den jungen, erfolgreichen Marken des Hymer-Konzerns und spricht vor allem Einsteiger an – mit dem Ducato als Basismodell

Ducato und Co. ergeben sich über 10.000 Möglichkeiten: 300 Karosserievarianten, 208 Farben, vier Chassislängen, drei Aufbauhöhen – es schwingt viel Stolz mit, wenn die SEVEL-Leute über ihren Arbeitsalltag sprechen. Und ihr Fiat Ducato protzt nicht, ist nicht feudal, ein Kind der Arbeiterklasse. Und doch ein ganz Großer – mit großen Plänen über die zweite Modellpflege hinaus.

Neue Automatik: neun Gänge für ein Halleluja

Die mobile Welt dreht sich derweil so schnell wie nie zuvor: Fiat gehört seit 2021 zu Stellantis, einem niederländischen Konzern, unter dessen Dach sich nun

Einer kommt durch Auch nach 40 Jahren gibt es keinen Wettbewerber, der dem Ducato als bewohnbarem Kastenwagen das Wasser reichen kann

Langer Atem Mit überarbeiteten Euro-6-Motoren startet der Ducato ins Modelljahr 2017. Für teilintegrierte Reisemobile ist der 130-PS-Diesel jetzt Standard

14 Marken vereinen. Auch die bisherigen PSA-Partner sind im neuen Verbund dabei. Für den Ducato und seine Entwickler bedeutet das: hellwach weitermachen, sich ständig erneuern, neue Konzepte denken. Doch ausgerechnet die Modellkonstanz der dritten Serie erweist sich in Zeiten der Covid-19-Pandemie als Vorteil, weil der Ducato ohne große Investitionen und größtenteils belastbaren Lieferketten seinen Kurs hält. Neu im Team ist die Variante als Opel Movano, da die bisherige Kooperation zwischen Opel und Renault mit dem Beginn der Stellantis-Zeitrechnung zu Ende geht.

Seit 2020 erfüllen die Dieselmotoren die Vorgaben der Abgasnorm 6d-Temp, das bedeutet, dass sie mit Harnstoffzusatz (AdBlue) betrieben werden. Fiat nimmt es zum Anlass, alle Motoren gemeinsam mit Iveco zu überarbeiten. Turbolader mit VTG-Technologie (variable Schaufelgeometrie) eliminieren das Turboloch, sprechen schnell und sehr effektiv an. Der 2,3-Liter-Diesel ist nun in vier Leistungsstufen erhältlich (120 PS/320 Nm, 140 PS/350 Nm, 160 PS/380 Nm, 177 PS/400 Nm). Der 177-PS-Motor profitiert von verstärkten Kolben und Kurbelwelle, und die beiden Top-Motorisierungen wuchten 20 und 50 Nm mehr auf die Kurbelwelle, sofern dahinter das neue Neunstufen-Automatikgetriebe die Gänge sortiert. Es macht den Ducato nicht nur komfortabler, sondern auch leiser und sparsamer: Autobahn-Richtgeschwindigkeit 130 ist mit nur 2000 Kurbelwellenumdrehungen drin.

Zur neuen Fahrkultur passt die optische Überarbeitung mit markanten Scheinwerfern – auf Wunsch auch Voll-LED – und dem tradtionellen, markanten FIAT-Schriftzug auf dem Grill. Und auch der

Vier Buchstaben Am selbstbewussten FIAT-Schriftzug im Grill gibt sich der Ducato zum Modelljahr 2022 zu erkennen. Die Schriftart geht zurück auf die 1920er Jahre

Feiner Unterschied Der Ducato des Modelljahrs 2022 sieht nicht nur frischer aus, er fährt sich auch so. Seine Lenkung spricht spürbar spontaner an als bisher

Innere Jugend Neues Lenkrad, zeitgemäße Assistenzsysteme, modernes Infotainment – und eine hellwache Neunstufen-Automatik gibt's als Option auch

Innenraum erfährt viele Detailänderungen: Neues Multifunktions-Lenkrad, Infotainmentsystem mit großem 10-Zoll-Monitor und digitalen Instrumenten, schwenkbare Ablagen sowie eine Vielzahl von Assistenzsystemen (Level-2-Automomous Driving als nur ein herausragendes Beispiel) machen ihn eher zu einem Großraum-Pkw, ohne dass sich der Ducato-Kenner umstellen muss. So verfügt er zum

Kennzeichen E Mit bis zu 350 km Reichweite surrt der Elektro-Ducato der Alltagstauglichkeit entgegen

Beispiel über ein Display im Innenspiegel, das mit einer Kamera am Heck verbunden ist. Rückwärtsfahren nach Außenspiegel oder mit Parkpiepsern? Vergangenheit. Auch die E-Lenkung ist neu an Bord, sie spricht speziell um die Mittellage spürbar spontaner an als die keineswegs diffuse mechanische Lenkung der Vorgänger. Und noch ein feines Detail: Dank der nun elektrischen Feststellbremse gibt es links vom Sitz keinen Handbremshebel mehr. Insbesondere Wohnmobilisten werden das schätzen, denn nicht selten war er in der Vergangenheit dem drehbaren Fahrersitz im Weg.

Auch alternative Antriebe spielen zunehmend eine Rolle: Der Dreiliter-Erdgasmotor mit 136 PS (350 Nm) gehört ebenso zum Angebot wie eine Elektro-Alternative, die nach eingehenden Tests im Rahmen eines Pilotkunden-Projekts seit 2021 über die Straßen surrt. Mit bis zu 350 Kilometern Reichweite, 90 KW (280 Nm) und einer Höchstgeschwindigkeit von 100 km/h empfiehlt er sich überall dort zum Lieferfahrzeug, wo Verbrenner (künftig) nicht hin dürfen.

Doch so ambitioniert diese Ansätze auch sind, können sie derzeit die effizienten, langlebigen und zuverlässigen Dieselantriebe noch nicht ersetzen – trotz aller Kritik der vergangenen Jahre. Das gilt insbesondere für den elementar wichtigen Reisemobilmarkt, bei dem Reichweite und die Versorgungsinfrastruktur entscheidende Rollen spielen. Es wird spannend zu sehen sein, wie Fiat hier künftig die Weichen für den Ducato stellt und wohin ihn seine weitere Reise führt.

Gebrauchte Ducato-Wohnmobile

G

Camper mit Erfahrung

Kaufberatung: Stärken, Schwächen und Schnäppchen

Selbst ausgebuffte Gebrauchtwagen-Profis müssen beim Reisemobil vieles vergessen, was sie auf den Kiesplätzen der Republik gelernt haben. Anders als beim Pkw sind Schnäppchen selten wie Schnee im Mai, weil die Nachfrage nach Campern größer ist als das Angebot. Reisemobile sind deutlich wertstabiler als Personenwagen, mitunter sinkt ihr Marktwert erst nach zehn Jahren auf die Hälfte des Neupreises. Dafür ist die Modellvielfalt im Caravaning-Geschäft geringer.

Die Wahrscheinlichkeit, dass das Ferienbett in einem Fiat Ducato oder einer seiner französischen Verwandten steht, ist bei Reisemobilen aller Bauformen hoch. Für Kaufinteressenten lohnt es sich, die Stärken und Schwächen des Topsellers zu kennen, denn anders als im Zeitraffer des gewerblichen Alltags mit seinen hohen Fahrleistungen und rauen Sitten kann ein gepflegtes Ducato-Wohnmobil uralt werden.

Stabil, Alter Selbst angejahrte Ducato-Wohnmobile erzielen hohe Preise

Wer auf der Autobahn und den Campingplätzen genau hinschaut, entdeckt die vielen frühen Ducato mit H-Kennzeichen, die auch den 30. und 40. Sommer ihres Lebens noch im Dienst des Fernwehs verbringen. Es spricht nicht viel dagegen, die Idee vom Langzeitauto auch bei jüngeren Ducato-Exemplaren wahr werden zu lassen. Aber erst muss man einen bewohnbaren Ducato finden, der sein Geld wert ist. Denn selbst Kernschrott lässt sich in Zeiten des Campingbooms noch absetzen.

Eine Frage des Alters

Im Gewimmel gebrauchter Wohnmobile zwischen 20.000 Euro und 80.000 Euro ist die Sache klar: Das Basisfahrzeug ist meistens ein jüngerer Ducato der Baureihe 250, der je nach Pflegezustand und Laufleistung wenig Ärger erwarten lässt. Doch in der Einsteiger-Klasse, die knapp unter 10.000 Euro beginnt, sind die frühen Ducato-Typen 280/290 (ab 1982) und 230/244 (ab 1994) noch immer zahlreich vertreten. Bei Raumökonomie und Wohnkomfort sehen viele dieser Reisemobil-Klassiker nicht alt aus, auch wenn uns die Textilien und Möbeloberflächen nach ein paar Jahrzehnten skurril vorkommen. Auch überzeugt der Möbelbau mancher Mittelklasse-Mobile mit einer Solidität, die einem heute nur noch im oberen Preissegment begegnet. Doch nach dem Vorglühen der Dieselmotoren spüren heutige Benutzer schnell, dass sie sich ein altes Auto angelacht haben, dessen Komfort und Bedienungsansprüche nicht viel mit einem Transporter der Neuzeit gemeinsam haben.

Vertrauensfrage Vom Händler oder von privat kaufen? Der Profi ist zur Gewährleistung verpflichtet, das schafft Sicherheit

Fernweh kennt kein Alter Viele frühe Ducato-Wohnmobile haben in gepflegtem Zustand überlebt. Doch es tummeln sich auch abgehalfterte Exemplare auf den Straßen

Dauercamper Eine Hymer B-Klasse überzeugt auch nach 30 und mehr Jahren mit Raumkomfort und Qualität im Detail

Die Entscheidung für so einen Ferien-Klassiker muss also mit Bedacht getroffen werden. Das gilt nicht nur für den Ducato 280/290 der ganz frühen Jahre, denn auch der bis 2002 gebaute 230er zeigt heute schon auf den ersten Metern, dass er ein Auto von Vorgestern ist. Selbst der Fahrerairbag war bei seinem Erscheinen kein Standard, ganz abgesehen von Sicherheitsdetails wie einem Beifahrerairbag, ABS oder gar ESP. Auch über den Bremsweg denken wir heute lieber nicht nach, aber das gilt auch für die meisten Personenwagen jener Zeit.

Untermotorisiert sind sie für heutige Ansprüche alle, das gilt zumindest dann, wenn sich Berge in

Zeitreise Schräge Muster, kantiges Cockpit – aber alles funktioniert wie in den Achtzigern

Gut Holz Leichtbau war beim soliden Geschränk des Hymer nur ein Wort

Schwerarbeiter Die frühen 1,9-Liter-Diesel haben das ewige Leben, brauchen mitunter aber eine frische Kopfdichtung

den Weg eines alten Ducato stellen. Mit den frühen 1,9-Liter-Dieselmotoren werden heute nur noch Stoiker glücklich, das trifft ganz besonders für den Basismotor mit 69 PS zu, aber auch für die beiden etwas druckvolleren Turbodiesel mit 80 oder 82 PS. Deutlich temperamentvoller geht es mit den frühen Direkteinspritzern voran, die mit 107 bis 128 PS auch heute noch ein entspanntes Mitschwimmen auf der Autobahn ermöglichen. Das Problem mit der Abgasnorm bleibt trotzdem, denn mehr als eine rote oder gelbe Plakette ist für die jungen Klassiker nicht drin. Und bis sie als Oldtimer mit H-Kennzeichen wieder in die Umweltzonen dürfen, vergeht noch der eine oder andere Sommer. Mit einem nachgerüsteten Partikelfilter gibt es lediglich eine grüne Euro-4-Plakette, und auch das ist nicht billig: Je nach Motor werden zwischen 1500 und 3000 Euro fällig. Umso besser, wenn sie der Vorbesitzer schon investiert hat, dennoch sollten Kaufinteressenten auf die Allgemeine Betriebserlaubnis achten, denn mitunter wurde versehentlich das falsche System verbaut. Als haltbarste Lösung gilt unter Ducato-Experten der wartungsfreie Sintermetallfilter von HJS.

Die Neuzeit beginnt beim Fahren mit dem Ducato 244 der frühen Nullerjahre, und das nicht nur wegen der stärkeren Motoren: Mit ihm wurde der Fahrerairbag zum Standard, ebenso wie das Antiblockiersystem bei den stärkeren Motoren. Mit etwas Glück hat der Erstbesitzer auch einen Beifahrer-Airbag und die elektronische Traktionskontrolle angekreuzt.

Es geht voran Auch ältere Ducato Typ 250 sind noch zeitgemäß motorisierte Transporter

Gurke oder Glückskauf? Hängt vom Pflegezustand ab! Rostschäden bei Kastenwagen können beispielsweise böse ins Geld gehen

Beim folgenden Ducato 250 kommt es vor allem auf die Abgasnorm an. Ab 2011 entsprachen alle Motoren der Euro-5-Norm, 2016 kam Euro 6 und im Herbst 2019 die neue Motorengeneration mit SCR-Kat, Ad-Blue-Einspritzung und Anerkennung nach Euro 6-Temp. Gleichzeitig löste die neue Neunstufen-Automatik das sogenannte Comfort-Matic-Getriebe ab. Dieses automatisierte Schaltgetriebe arbeitet zwar zuverlässig und macht auch im Alter nur wenig Ärger, fordert mit der Gemächlichkeit seiner Schaltvorgänge aber Nachsicht – ganz ähnlich wie das sequenzielle Getriebe des frühen Smart. Wer nicht selbst schalten will, muss damit leben. Doch gerade im Urlaubsmodus gelingt das recht schnell.

Rost und Logis

Fast alles ist an alten Reisemobilen anders als bei herkömmlichen Youngtimern, aber eines haben sie gemeinsam: Es sind meist Karosserieschäden, die den jungen Klassiker zum wirtschaftlichen GAU machen. Bei Wohnmobilen ist die Prüfung meist besonders aufwendig, weil zu den typischen Schwachstellen des Basisfahrzeugs noch Schäden am Aufbau kommen können. Nur bei Kastenwagen ist der Kaufcheck für Laien etwas einfacher – was nicht heißt, dass das Sanieren von Schäden am Ende weniger ins Geld geht, denn das Schweißen von ausgebauten Kastenwagen kann extrem aufwendig sein. Um zu verhindern, dass Isoliermaterial und Möbel in Brand geraten, muss vor dem Einsetzen

Rat vom Profi Für Laien lohnt sich der Weg zum Sachverständigen, der die typischen Mängel kennt

Problemfall So kann's nach 20 Jahren aussehen, wenn intensiver Winterbetrieb und nachlässige Pflege den Verfall fördern

sich der Rost in den Hohlräumen und Verstrebungen einnisten kann. Auch das Heckabschlussblech hinter der Stoßstange kann im Alter porös werden, weil die doppelwandige Konstruktion bei älteren Ducato im Werk nicht dauerhaft konserviert wurde.

Mitunter gibt es Rost an den Unterkanten der vorderen Türen, auch die Schiebetür kann betroffen sein. Den Rahmen der Windschutzscheibe trifft es nur bei sehr frühen Modellen der Baureihe 280. Kaum Rostprobleme sind dagegen beim 250 bekannt, auch wenn Ducato-Insider dazu raten, die Hohlräume und Unterböden neuer Fahrzeuge vorsorglich versiegeln zu lassen. Aber gerade im Konkurrenzvergleich schneiden jüngere Ducato überdurchschnittlich gut ab, was neben den großen Prüforganisationen auch erfahrene Reisemobilhändler bestätigen: „Ich nehme jeden Ducato lieber in Zahlung als einen Mercedes Sprinter oder Ford Transit", sagt einer der Großen im deutschen Südwesten.

Schimmel und Gammel

Selbst für Gebrauchtwagen-Profis ist es nicht ganz einfach, den Zustand eines Wohnmobil-Aufbaus zu beurteilen, denn mit der Ganzstahl-Karosserie eines Personenwagens hat er nicht viel gemeinsam. Nicht Rost ist das Problem, sondern die Vielfalt der möglichen Schäden am Aufbau, der meist aus Kunst-

Maßarbeit Wichtig: Verlauf der Karosseriefugen und Zustand der Abdeckleisten checken

Spurensuche Beulen, Kratzer und Risse sind Alarmsignale. Noch öfter werden ältere Wohnmobil-Aufbauten entlang der Karosseriekanten undicht

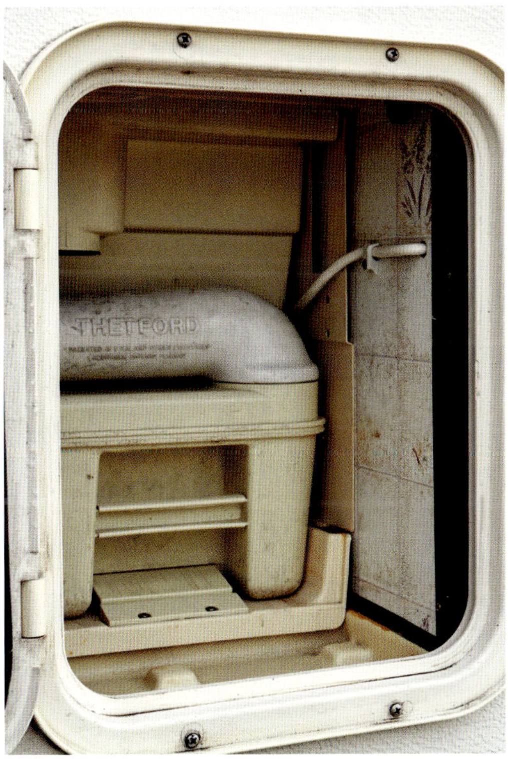

Klappen dicht? Auch die Rahmen der Wartungsöffnungen können altern

Höherer Dienst Ein Blick auf's Dach ist wichtig, Moos könnte die Dichtleisten beschädigt haben

Musterfall Die Polster des Hymer erzählen vom schrägen Geschmack der Achtziger, doch verschlissen sind sie nicht – ein Glücksfall

stoff, Aluminium und Dämmmaterial besteht, bei älteren Reisemobilen aber häufig auch Holz enthält. Werden Undichtigkeiten nicht rechtzeitig erkannt und Schäden nicht fachgerecht behoben, wird es mindestens so teuer wie beim Pkw mit Rost oder Unfall-Vergangenheit. Die Betonung liegt dabei auf dem Wort fachgerecht, denn oft deuten sichtbares Flickwerk, aufgequollene Stellen an der Außenhaut, der großflächige Auftrag von Unterbodenschutz und dicke Silikonraupen an den Karosseriefugen auf Vernachlässigung und Pfuschreparaturen hin.

Besonders anfällig für Wasserschäden sind Alkoven-Mobile, an deren vorderen Aufbau-Fenstern der Fahrtwind zerrt, und Teilintegrierte, bei denen im Alter häufig die Abdichtung zwischen Aufbau und Fahrerkabine porös wird. Aber auch flüchtige Unfallreparaturen können sich Jahre später als versteckte Zeitzünder erweisen, weshalb die schriftliche Zusicherung der Unfallfreiheit beim Kauf eines Reisemobils ein Wert an sich sein kann. Und natürlich kann das Abdeckband an fast jeder Karosseriekante eines alternden Wohnmobil-Ausbaus spröde werden und Feuchtigkeit in den Aufbau eindringen lassen. Besonders heftig wird es, wenn sich Moos auf dem Dach festsetzt, unter die Ritzen kriecht und die Dichtungen regelrecht aufsprengt – deshalb lohnt sich nicht nur ein Blick unters Wohnmobil, sondern immer auch auf seine Oberseite.

Rostherd Hier gammelt's an der Befestigung des Fahrradträgers

Mut zur Lücke Fehlteile und Gebrauchsspuren sind nach 30 und mehr Jahren die Regel

Ersatzlos Wenn Kunststoffe der 1980er Jahre mürbe werden, wird's mühsam

Wichtig ist, dass es im Innenraum nicht muffig oder modrig riecht. Spuren von eindringendem Wasser oder Schimmel deuten auf Mängel hin, die schwer zu beseitigen sind. Spezielle Messgeräte machen es theoretisch zwar möglich, die Feuchtigkeit des Aufbaus zu bestimmen, doch schon eine längere Trockenperiode kann das Ergebnis verfälschen. Ei-

Generalanzeiger Auch analoge Bordtechnik muss tadellos funktionieren – so wie hier

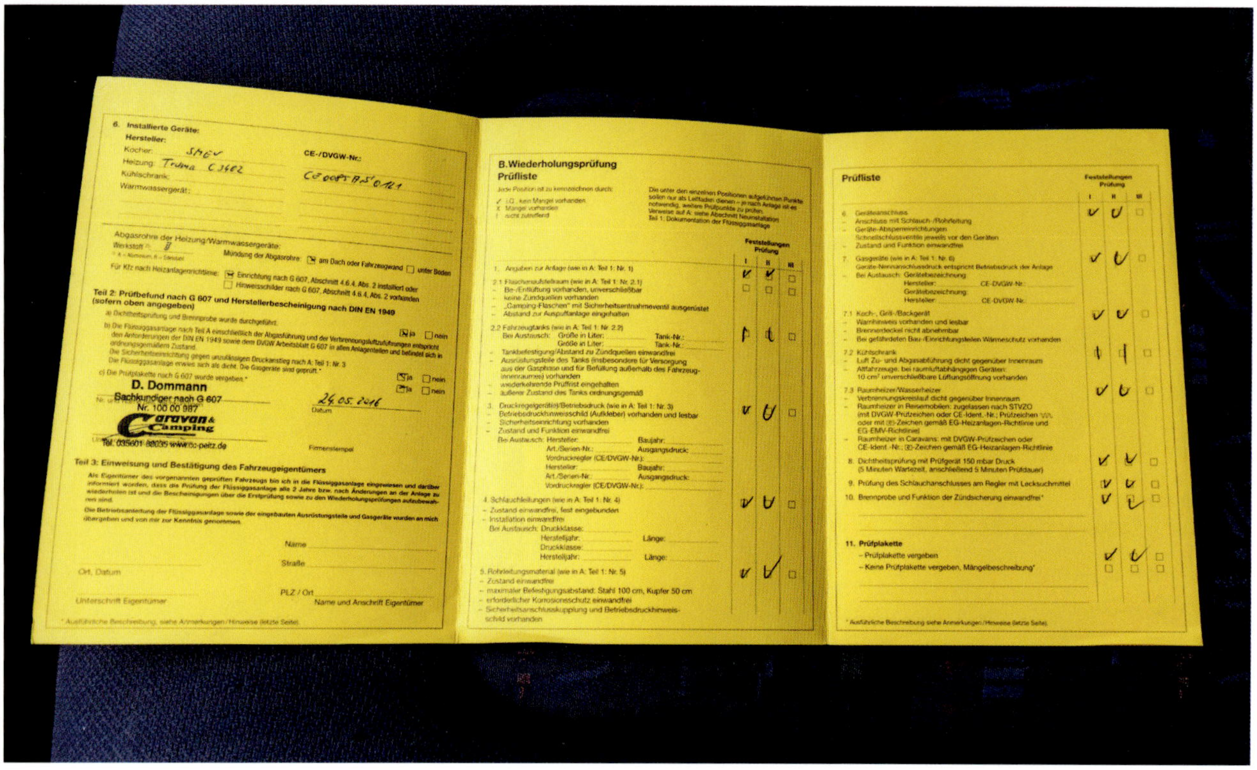

Gelbe Seiten Das Gasprüfheft gehört zum Auto wie die Zulassungsbescheinigung. Es enthält u. a. die Seriennummern aller eingebauten Geräte

ne Minutendusche mit dem Gartenschlauch reicht dann nicht mehr, um größeren Undichtigkeiten auf die Spur zu kommen.

Der Weg zum Sachverständigen oder zum spezialisierten Karosseriebetrieb lohnt sich im Zweifelsfall immer. Zumal die Erfahrung zeigt, dass auch ein trockener, gepflegter Innenraum keine Garantie für Mängelfreiheit ist. Nachträglich eingebautes Zubehör kann ein Mehrwert sein, aber auch zum teuren Ärgernis werden, wenn es ein Hobbybastler ins Wohnmobil oder an seine Außenhaut gepfuscht hat. Natürlich muss die gesamte Bordtechnik funktionieren, von der Heizung über die Satellitenanlage bis zum Kühlschrank, deshalb sollte bei der Besichtigung immer eine Gasflasche eingebaut und ein Landstrom-Anschluss vorhanden sein. Spätestens jetzt ist es Zeit, nach der letzten Gasprüfung und dem Prüfheft zu fragen – und Schlüsse daraus zu ziehen, wenn sich der Anbieter in Ausreden flüchtet. Heikel: Eine neue HU-Plakette gibt es auch ohne gültige Gasprüfung!

Auch die Möbel, ihre Oberflächen und Schlösser haben über die Jahre oft gelitten. Es lohnt sich, alles ohne Zeitdruck zu checken und auszuprobieren. Vieles lässt sich einfach ersetzen, weil es sich um Zulieferteile handelt, die viele Hersteller verbaut haben. Auch gibt es Fachbetriebe, die sich auf die Modernisierung und sogar Grundrissänderung von

Bestanden Die Plakette am Heck bestätigt die erfolgreich absolvierte Gasprüfung

Tag der offenen Tür Defekte Schlösser sind meist Normteile und einfach zu erneuern

Reisemobil-Innenräumen spezialisiert haben. Doch besonders die Kunststoffteile im Wohnraum lassen sich oft nicht mehr für Geld und gute Worte beschaffen. Und gerade ein undichtes Waschbecken oder eine gerissene Duschtasse können schnell strukturelle Schäden am Aufbau anrichten. Am Ende entscheidet die Probefahrt nicht nur über den mechanischen Zustand des Ducato, sondern dokumentiert auch die Qualität und den Zustand des Innenausbaus. Still wie eine Kathedrale wird ein älteres Reisemobil gerade auf einer furchigen Landstraße nicht sein, doch es ist ein gutes Zeichen, wenn sich das Klappern und Klötern des Geschränks in erträglichen Grenzen hält. Gleichzeitig macht die kakophonische Geräuschkulisse eines jungen Gebrauchten klar, was die Reisenden in ein paar Jahren auf die Ohren bekommen.

Verschluss-Sache Sind die Fenster dicht und unbeschädigt?

Kunst der Fuge Die Abdichtungen altern mit der Zeit, so kann Wasser in den Aufbau sickern

Gutes Bad ist teuer Zumindest dann, wenn fahrzeugspezifische Kunststoffteile gebrochen oder gerissen sind

Die reine Leere

Wer seinen Ducato nach eigenen Plänen ausbauen will, ist mit einem leeren Kastenwagen am besten bedient, zumal das Angebot auf dem Gebrauchtwagenmarkt zumindest theoretisch groß ist. In der Praxis kann es recht lange dauern, das richtige Auto in der gewünschten Länge zum fairen Preis zu finden, weil auch das internationale Netzwerk der Gebrauchtwagen-Aufkäufer nach günstigen Ducato-Kastenwagen lechzt.

An der Flexibilität und Modellvielfalt des Ducato muss das Projekt nicht scheitern, die Baureihe 250 gibt es als Kastenwagen in vier Längen und drei unterschiedlichen Höhen:

- L1: Länge 4963 mm, Radstand 3000 mm, Laderaumlänge 2670 mm
- L2: Länge 5413 mm, Radstand 3450 mm, Laderaumlänge 3120 mm
- L4: Länge 5998 mm, Radstand 4035 mm, Laderaumlänge 3805 mm
- L5: Länge 6363 mm, Radstand 4035 mm, Laderaumlänge 4070 mm

Einen Ducato L3 gibt es übrigens nicht, während Citroën die Bezeichnung beim Jumper nutzt. Das sorgt in Verkaufsangeboten mitunter für Verwirrung.

Alle Kastenwagen-Varianten sind wahlweise mit drei Dächern kombinierbar:

H1: Standarddach, Laderaumhöhe 1662 mm
H2: Hochdach, Laderaumhöhe 1932 mm
H3: Superhochdach, Laderaumhöhe 2172 mm

Es erschwert die Suche, dass gerade die langen und hohen Ducato in erster Hand oft ein strapaziöses Leben auf der linken Autobahnspur geführt haben. Billig sind sie alle nicht, selbst Kastenwagen mit mehr als 500.000 Kilometern auf dem Zähler kosten noch fünfstellig, und dreijährige Leasing-Rückläufer mit Laufleistungen zwischen 200.000 und 300.000 km liegen nur selten unter 20.000 Euro. Fast immer sind es professionelle Händler, bei denen ein gebrauchter Ducato steht, die Vorgeschichte des Autos bleibt für den Interessenten im Dunkeln. Es zahlt sich deshalb aus, beim Besichtigungstermin einen Blick in die Zulassungsbescheinigung und die Bordmappe zu werfen: Wie viele Halter hat es gegeben, welchen Branchen gehörten sie an? Ist der Chef selbst gefahren oder haben Dutzende von Aushilfen den Schalthebel durchgerissen? Und lassen sich Reparaturen mit Rechnungen belegen? Womöglich lässt sich der Vorbesitzer ausfindig machen und beantwortet freundlich gestellte Fragen zur Vergangenheit seines Autos. Und wenn er partout nicht über seinen Ex-Ducato sprechen will, hat er womöglich einen Grund dafür.

Mit Vorschäden müssen Käufer rechnen, wobei es gilt, zwischen kosmetischen Mängeln und strukturellen Beschädigungen zu unterscheiden. Ein angeschrappter Stoßfänger kommt in den besten Firmen vor, während die Reparatur von gestauchtem Karosserieblech immer teuer wird. Schiefe Spaltmaße, hakende oder schlecht schließende Türen und deutlich erkennbare Farbabweichungen beim Außenlack müssen zwar kein K.-o.-Kriterium sein, deuten aber auf schlampig reparierte Unfallschäden hin. Noch aufschlussreicher ist die Kontrolle der Lackstärke mit Hilfe eines Schichtdickenmessgeräts: Hier sollte sich der Wert relativ gleichmäßig zwischen 85 und 180 Mikrometern bewegen.

Motoren und Getriebe

Selbst in Ducato-Wohnmobilen aus den Achtzigern nageln oft noch die ersten Dieselmotoren, Laufleistungen von 300.000 Kilometern und viel mehr sind möglich. Allerdings reagieren die frühen 1,9-Liter-Diesel auf Dauervollgas öfter mit durchgebrannten Zylinderkopfdichtungen. Wichtig ist für Kaufinteressenten auch das Alter des Zahnriemens, der – je nachdem, was zuerst eintritt – alle fünf Jahre und 90.000 Kilometer gewechselt werden muss. Das gilt für alle Ducato bis zu den späten 244, kostet zwischen 600 und 1000 Euro und sollte nicht vergessen werden, weil das Aufeinandertreffen von Ventilen und Kolben sonst den Motor zerstört. Sogenannte „Freiläufer" gibt es nicht in der Geschichte des selbstzündenden Ducato.

Zu den wenigen Dauerpatienten unter den Ducato-Motoren gehören die ersten Direkteinspritzer

Zahnriemen Der vorgeschriebene Wechsel muss wie hier dokumentiert sein, ein gerissener Riemen kann den Motor zerstören

des Ducato 230, deren Einspritzpumpen öfter für Leistungsverlust und schlechten Kaltstart sorgen. Mitunter liegt das an der Einspritzpumpe selbst, auf deren Überholung sich freie Experten spezialisiert haben, manchmal aber auch an den Sensoren der Elektrik, die nicht mehr erhältlich sind. Auch die Flammstart-Vorglühanlage des Ducato 230 mit 2,5-Liter-Diesel kann im Winter zur Ursache von Startproblemen werden, dann muss entweder deren Relais oder die Flammkerze im Ansaugkrümmer getauscht werden. Der Dreiliter-Diesel früher Ducato 250 fällt mit Defekten der elektronischen Drosselklappen-Steuerung auf, gilt ansonsten aber als unerschütterlicher Drehmoment-Gigant, der selbst mit luxuriösen Vollintegrierten leichtes Spiel hat. In Mittelklasse-Wohnmobilen taucht er wegen des hohen Aufpreises leider kaum auf.

Bei Ducato-Exemplaren mit JTD-Motoren ist es immer eine gute Nachricht, wenn die Kraftstoffinjektoren bereits getauscht wurden. Laut Zulieferer Bosch kann das schon nach 120.000 Kilometern nötig sein, in der Praxis können 200.000 Kilometer und mehr auf dem Zähler stehen, bis sich der

Ungeschönt Besser der Dreck von Jahren als ein frisch gereinigter Motor. Undichtigkeiten lassen sich so leichter lokalisieren

Risikopatient Die Fünfgang-Getriebe früher Ducato gelten als anfällig, Kratzen und Hakeln beim Schalten sind Alarmsignale

Verschleiß durch Indizien wie unrunden Motorlauf und steigenden Ölstand äußert. Die Ursache dafür ist ein unsauberes Spritzbild der Injektoren, wodurch Dieselkraftstoff an der Zylinderwand ins Motoröl laufen kann. Durch die Ölverdünnung droht ein kapitaler Motorschaden, aber bereits der Austausch verschlissener Injektoren ist teuer, weil die sich oft regelrecht mit dem Zylinderkopf verbacken. Zum Lösen müssen die Werkstätten mitunter spezielle Pressen einsetzen, am Ende können 2000 Euro und mehr auf der Rechnung stehen.

Das ist auch deshalb bitter, weil bei den neueren JTD-Motoren nach 240.000 Kilometern auch der Zahnriemen fällig ist. Und auch der Partikelfilter ist ein Verschleißteil, das sich nach Laufleistungen von etwa 180.000 Kilometern oft mit Ruß und Asche zusetzt und ausgetauscht werden muss. Ein verrußtes Auspuffendrohr zeigt, wann der Austausch näherrückt (und kann außerdem auf Schäden an der Einspritzanlage hinweisen); zudem merkt es der Fahrer daran, dass die Regenerierungsphasen häufiger werden. Ein neuer Filter in Erstausrüster-Qualität kostet rund 1500 Euro; von Billigangeboten raten Ducato-Spezialisten ab, weil sie sie geforderten Abgaswerte meist nicht lange erreichen. Auch Freibrennen oder chemisches Reinigen des zugesetzten Partikelfilters bringt meist nur kurzfristigen Erfolg. Als gründlichstes Verfahren handeln Fiat-Experten die Spülung des bayrischen Unternehmens Oberland-Mangold, die mit einer Eingangs- und Ausgangsmessung verbunden ist. Der Besitzer darf seinen Ducato in dieser Zeit nicht brauchen, weil der Filter zum Spezialisten geschickt werden muss, das ist der Nachteil dieses Lösungswegs.

Eine schwache Stelle früher Ducato sind die Getriebe, bis zum 244 treten häufig Probleme mit dem fünften Gang auf. Die Ursache ist eine konstruktive Besonderheit: Das Gangrad für den fünften Gang liegt versetzt zu den anderen Zahnkränzen und wird dadurch schlechter mit Öl versorgt, was zu schnellem Verschleiß führt. Allerdings lässt es sich dadurch auch ohne großen Aufwand tauschen, Ducato-Profis schaffen das in weniger als zwei Stunden. Beim Ducato 280 kommt als Ursache für die

Ölknappheit theoretisch noch der Tachoantrieb dazu, der den Schmierstoff durch seine Drehung aus dem Getriebe pumpt, wenn die Werkstatt das Problem in der Praxis nicht mit einer Entlastungsbohrung gelöst hat. Und nicht zuletzt sollen viele frühe Ducato-Wohnmobile schlicht zu schwer für das Fünfgang-Getriebe der ersten Serie gewesen sein. Es spricht heute jedenfalls für den frühen Ducato und seinen Pflegezustand, wenn sich sein Fünfganggetriebe leicht und leise durchschalten lässt.

Auch bei jüngeren Ducato-Modellen kann es zu Getriebedefekten kommen, allerdings betrifft das meist abgerockte Exemplare mit sehr hohen Laufleistungen. Das automatisierte Schaltgetriebe bleibt mitunter in einem Gang hängen, die Ursache liegt in Problemen der elektrohydraulischen Steuerung. Bei frühen Ducato bis zum 244 kommt es öfter zum schlagartigen Ausfall der Kupplung, wenn das Ausrücklager kaputt geht. Gerade bei den 2,5- und 2,8-Liter-Motoren ist der Kupplungstausch eine knifflige Angelegenheit, die im Idealfall schon der Vorbesitzer bezahlt hat. Das gilt auch für den Heizungs-Wärmetauscher des Ducato 230, der im Alter oft an den Pressstellen undicht wird – und so schwer erreichbar unter dem Armaturenbrett sitzt, dass es viele Ducato-Besitzer mit Kühlerdichtmittel versuchen, bis gar nichts mehr geht.

Fahrwerk und Antrieb

Im gewerblichen Alltag muss so ein Ducato viele Zumutungen wegstecken, entsprechend robust ist sein Fahrwerk ausgelegt. Auch bei hohen Laufleistungen machen Achsen, Lenkung oder Bremsen in der Regel keine großen Probleme. Eine Ausnahme ist die Empfindlichkeit der geteilten Radlager beim Ducato 230 und den frühen 250-Modellen bis November 2011, auch der Austausch und das Einstellen des Spiels mit Hilfe von Distanzscheiben ist ein vergleichsweise aufwendiger Eingriff. Die seitdem verwendeten Kompaktlager halten je nach Fahrprofil rund 120.000 Kilometer, wobei sich meist das vordere linke Exemplar zuerst mit Geräuschen meldet.

Bei höheren Laufleistungen kommt es vereinzelt zum Bruch der vorderen Fahrwerksfedern im Bereich der obersten Windung, besonders bei Ducato-Exemplaren mit aufgelastetem Serienfahrwerk sind auch Brüche und Risse der hinteren Blattfedern bekannt. Und der TÜV moniert öfter die ungleichmäßige Wirkung der Handbremse, wenn sie zu selten betätigt wird.

Elektrik und Elektronik

Ein Klassiker unter den Ducato-Defekten ist der Ausfall der hydraulisch betätigten Leuchtweitenregulierung. Im Alter kommt es zu Undichtigkeiten, Ersatzteile sind teuer und halten meist auch nicht lange. Eine dauerhafte Lösung ist der Umbau auf Elektromotoren. Freie Anbieter haben dafür Umrüstsätze entwickelt, die rund 150 Euro kosten. Günstiger geht es mit den Stellmotoren des BMW Dreier der Baureihe E 36 (1990 bis 2000) und des kleinen Exoten Subaru Justy.

Größere Probleme kann die Wegfahrsperre des Ducato 230 machen, wenn der rotbraune Masterkey und die Codekarte fehlen, denn dann ist weder das Anlernen neuer Schlüssel noch der Notstart bei defektem Steuergerät möglich. Der Ducato 244 besitzt nur noch eine Codekarte, sein Steuergerät kann sich nicht mehr als acht Schlüssel merken. Sind die alle defekt oder verschwunden, was bei einem Fahrzeug mit hoher Laufleistung und vielen Besitzern schon mal vorkommt, muss ein neues Steuergerät her. Verwirrung kann beim Ducato 244 auch eine lange zurückliegende Rückrufaktion stiften, bei der ganze Kombiinstrumente, Tachos und Tachoantriebe getauscht wurden. Da nicht alle Fahrzeuge davon betroffen waren, lohnt sich ein Blick ins Wartungsheft, wo der Zeitpunkt und vor allem der Kilometerstand der Aktion 5149 festgehalten wurden.

Ersatzteile

Auch ganz frühe Ducato sind nicht wirklich rar auf den Straßen Europas, deshalb lohnt sich die Produktion neuer Ersatzteile auch noch für die Baureihe 280 und 290. Da es allerdings nicht mehr der Hersteller selbst ist, der sich um den Nachschub kümmert, kann die Qualität der Reproteile oft nicht überzeugen. Günstig sind sie zwar, ein kompletter Scheinwerfer für den Ducato 280 kostet zum Beispiel nur 55 Euro, doch eine Dichtheitsgarantie übernimmt der Anbieter nicht, im Gegenteil: Zum

Freund der Familie Die Sitzgruppe ist in fast allen Ducato-Kastenwagen groß genug für vier. Doch es kommt auch auf die Betten und den Stauraum an

sehr eingeschränkt und selbst vor dem Supermarkt braucht ein langer Ducato zwei Parkplätze. Auch Maut- und Fährgebühren sind teurer als bei den Kurzversionen.

Teilintegrierte und Alkoven

Nur der Triebkopf ist ein Ducato, manchmal kommt auch der Rahmen von Fiat, meist jedoch stehen Teilintegrierte und Alkoven auf einem AL-KO-Tiefrahmen. Wie beim Kastenwagen ist die Kabine mit den beiden drehbaren Einzelsitzen ein Bestandteil des Wohnraums. Willkommen in der Wohnmobil-Mittelklasse mit Längen von sechs bis über acht Meter, reichlich Stauraum, Stehhöhe und Bewegungsfreiheit! Teilintegrierte sind oft nicht viel breiter als Ducato-Kastenwagen, weil schmale Wohnmobile im Trend liegen, bieten mit Höhen von 2,60 bis drei Metern aber deutlich mehr Raumkomfort. Gerade beim Alkoven ist das ein großer Vorteil, weil das Schlafabteil über der Kabine meist für zwei Erwachsene reicht. Anders als ein Hubbett steht das Schlafabteil überm Fahrerhaus immer zur Verfügung, es muss nicht jedes Mal herauf- und heruntergezogen werden und nimmt keinen Platz im Wohnraum weg, wenn es benutzt wird. Ein Nachteil der nutzbaren Höhe ist – besonders bei Alkoven-Mobilen – die größere Seitenwindempfindlichkeit.

Einfach Mittelklasse Der Weinsberg Imperiale ist ein typischer Teilintegrierter der Nullerjahre – und in gepflegtem Zustand ein Selbstläufer auf dem Gebrauchtmarkt

Mehr von allem Ein Teilintegrierter ist nur wenige Zentimeter breiter und höher als ein Kastenwagen, aber das Raumgefühl fällt ungleich großzügiger aus

Die Böden, Wände und Dächer von Alkovenmobilen und Teilintegrierten bestehen nicht aus Stahlblech, sondern einer Sandwichkonstruktion mit Außenhaut aus GFK oder Aluminium und mehreren Zwischenlagen aus Dämmmaterial. Bei günstigeren und älteren Mobilen ist meist Holz verbaut, doch so oder so ist die Konstruktion verletzlicher als das Blechkleid eines Kastenwagens. Generell empfiehlt sich für alle größeren Wohnmobile ein überdachter Stellplatz für die kalte Jahreszeit. Dauerhaftes Draußenparken und nachlässige Pflege können ihren Aufbau schnell altern lassen, deshalb lohnt es sich für Kaufinteressenten immer, möglichst tief in die Vorgeschichte des angebotenen Fahrzeugs einzutauchen.

Nischenlösung Alkovenmobile sind aus der Mode geraten, doch besonders Kinder lieben die Gemütlichkeit des Schlaferkers

Beim Grundriss sind sich Voll-, Teilintegrierte und Alkoven-Mobile ziemlich ähnlich: Sie bieten eine Dinette mit vier bis sechs Sitzplätzen, eine großzügige Küche mit viel Stauraum und ordentlicher Arbeitsfläche sowie eine Nasszelle mit abgetrennter Duschkabine. Im Schlafzimmer stehen meist Einzelbetten, weil das die deutschen Kunden bevorzugen, obwohl alle Hersteller auch zentrale Doppelbetten („Queensbett") anbieten. Der Wohnkomfort lässt sich mit einem kleinen Appartement vergleichen, wozu auch die geräumige Heckgarage gehört, in der

Länge läuft Segler und Old-School-Autotester wissen das schon lange. Und auch die Langzeit-Qualität ist ein Argument für ein gebrauchtes Luxusmobil wie den Knaus Sun I

sich Fahrräder ohne außen angebauten Träger befördern lassen. Größter Nachteil der Komfortmobile ist ihr Gewicht: Fast alle sprengen die 3,5-Tonnen-Grenze oder sind schon leer so nah am Limit, dass die Zuladung mager ausfällt. Wer unterwegs schöner wohnen will und nicht im Besitz des alten Führerscheins der Klasse 3 ist, muss den Ducato auflasten, mit Autobahn-Tempo 100 zufrieden sein und seine Fahrerlaubnis erweitern.

Vollintegrierte

Mehr Luxus geht nicht, zumindest auf Ducato-Basis. Allerdings ist der Marktführer im Segment der Vollintegrierten nur dritter Sieger, weil die Kunden in dieser Klasse oft wenig preissensibel denken und bestellen. Bei den meisten Vollintegrierten ist die Basis von außen ohnehin nicht zu erkennen: Nur die Technik stammt von Fiat oder einem der teureren Marktbegleiter, während das Fahrerhaus die gestalterische Handschrift des Reisemobilherstellers trägt. Mit seiner Quaderform und der riesigen Frontscheiben ähnelt ein gestandener Teilintegrierter eher einen Reisebus; entsprechend mühsam kann es sein, in der Hauptsaison einen Stellplatz zu finden. Und wehe, es kommt irgendwo im Nirgendwo zu einem Schaden an der Windschutzscheibe: Dann wird es teuer und mitunter kompliziert, schnell Ersatz zu besorgen. Der Wohnkomfort kennt dafür fast keine Grenzen, Außenlängen von gut neun Metern machen es möglich: Luxusdetails wie echtlederne Lounge-Sitzgruppen, Alde-Warmwasserheizung, Winkelküche mit Dampfgarer und Mikrowelle oder Echtglas-Duschkabinen mit Rainshower- und Massagefunktion erinnern eher an die fünf Sterne des Kempinski als an die Uridee des Camping.

Die Verarbeitung ist durch die Bank oberklassig, schließlich kommt es in der Welt der Tandemachser nicht auf jedes Kilo an und Discountmarken gibt es in der Luxusklasse nicht. Dafür kostet so

Zum Angewöhnen Der Respekt verschwindet mit der Probefahrt: So ein Kingsize-Ducato ist handlicher als viele Umsteiger befürchten

ein Kaliber schon ohne Extras locker sechsstellig, mit Vollausstattung können es je nach Hersteller 150.000 oder auch 200.000 Euro sein. Und da reden wir nicht von den Linern der Oberklasse, denn die basieren eher auf Iveco als auf Ducato oder stehen gleich auf einem Reisebus-Chassis.

Wer sich nicht vor den Untiefen der komplexen Bordtechnik fürchtet, kann mit einem gut gealterten Vollintegrierten sein persönliches Schnäppchen finden: Den vergleichsweise hohen Wertverlust haben die Vorbesitzer getragen, doch die Nachfrage ist gering, weil Gewicht und Verbrauch die jungen Einsteiger ebenso abschrecken wie die plüschigen Wohnwelten vergangener Jahrzehnte. Doch die Qualität bleibt – und sie lässt sich von Kennern mit einem Augenzwinkern genießen.

GL LU 24H

Kulturgut Das H-Kennzeichen verpflichtet den Besitzer zur Erhaltung des historisch wertvollen Originalzustands, das gilt für einen Hymer aus den Achtzigern ebenso wie für einen Oldtimer aus den 1930er-Jahren

Ducato für Selbstmacher: Wartung, Pflege, Reparatur

D

Ein bisschen was geht immer

Selbstschrauben kann Geld sparen – oder teuer werden

Der Ducato ist ein zäher Typ. Das muss er auch sein, weil seine gewerblichen Besitzer keine Zeit haben, über den Werterhalt des Transporters nachzudenken. Camper sehen das in der Regel anders, denn oft haben sie sich mit ihrem Wohnmobil das teuerste Auto ihres Lebens gegönnt. Es soll lange halten, zuverlässig laufen und im Alter keine astronomischen Reparaturkosten produzieren. Natürlich ist es unterwegs zutiefst beruhigend, dass überall in Europa der Professional-Service des Herstellers helfen kann. Doch im Idealfall lassen sich kleine Wartungs- und Reparaturarbeiten in Eigenregie erledigen. Das kann, nicht nur bei gebrauchten Ducato, viel Geld sparen.

Die Wartung nach Herstellervorgaben sollte nicht ignoriert werden. Klingt nach Binsenweisheit, muss aber erwähnt werden, weil bei fast allen Gebrauchten irgendwann die Wartungshistorie abgebrochen ist oder Lücken aufweist. Praktisch bedeutet das, dass die Intervalle im Serviceheft nicht als Empfehlungen verstanden werden sollten, sondern als verbindliche Vorgabe. Dies ist besonders bei jungen Fahrzeugen wichtig, damit die Garantie- und Gewährleistungsansprüche erhalten bleiben. Zudem gehört ein lückenloses Wartungsheft auch in Gebrauchtwagen-Boomzeiten zu den Faktoren, die den Wiederverkaufswert erheblich beeinflussen können. Jede Wartung sollte schriftlich dokumentiert und abgelegt werden, um langfristig den Überblick zu behalten.

Offiziell ruft Fiat den aktuellen Ducato alle 48.000 Kilometer oder zwei Jahre zur Inspektion. Das ist ein erheblicher Fortschritt im Vergleich zum frühen Ducato, der noch alle 7500 Kilometer in die Werkstatt musste. Die Kosten für die Wartung liegen zwischen 300 und über 2000 Euro, da der Arbeitsumfang nach Alter und Gesamtfahrleistung variiert. Auch das Einsatzprofil spielt eine Rolle: Bei häufigem Stadt- und Kurzstreckenverkehr, aber natürlich auch bei extremen Wüstentripps durch Nordafrika und ähnlichen Staub- und Hitzefahrten verkürzen sich die Intervalle für Öl- und Filterwechsel.

Wertsache Je jünger der Ducato, desto mehr Sinn ergibt die Wartung nach Werksvorgabe

Zwischen den Inspektionen sollten kurze Technikchecks zum Ducato-Alltag zählen. Als Richtwert können 3000-Kilometer-Intervalle angenommen werden. Das Motoröl sollte dabei nicht nur per

Luft nach oben Ohne passende Hebebühne wird's auch für versierte Schrauber mühsam

Displayanzeige kontrolliert werden. Besser ist es, den Ölstand am Peilstab bei stehendem Motor auf einer ebenen Fläche zu überprüfen. Auch lohnt es sich, in regelmäßigem Anstand das Kühlmittel zu checken. Normalerweise darf das Kühlsystem kein Wasser verlieren, Nachfüllbedarf ist ein Alarmsignal. Meist ist die Ursache schnell in einer lockeren Schelle, einem porösen Schlauch oder auch einer undichten Wasserpumpe gefunden. Bei älteren Ducatos kann es auch an einer durchgebrannten Zylinderkopfdichtung liegen: Wer sicher sein will, lässt in der Werkstatt den CO_2-Gehalt im Kühlwasser prüfen. Generell sollte man niemals nur Wasser oder Frostschutzkonzentrat nachfüllen, sondern stets auf ein optimales Frostschutzniveau von mindestens −35 Grad Celsius achten. Der Frostschutz lässt sich leicht mit einer Spindel kontrollieren. Wird der Anteil zu hoch dosiert, droht der Verlust von Kühlleistung.

Die Scheibenwischerblätter sollten regelmäßig auf festen Sitz und Risse kontrolliert werden. Ausgeleierte wie auch schwergängige Wischerarmgelenke kommen bei älteren Fahrzeugen häufig vor und werden oft nicht als Mangel erkannt, vermindern aber den Anpressdruck an der Frontscheibe.

Die Reifen sind idealerweise nicht älter als sechs Jahre. Risse, Beulen und Einschnitte gelten als Grund für einen umgehenden Tausch. Außerdem sollte die Profiltiefe nicht geringer als drei Millimeter sein, auch wenn der Gesetzgeber nur 1,6 Millimeter fordert, doch empfehlenswert ist das wegen des deutlich höheren Aquaplaningrisikos nicht. Und natürlich sollte der Luftdruck regelmäßig überprüft und angepasst werden: Gerade bei Reisemobilen wird das zulässige Gesamtgewicht oft voll ausgenutzt. Dass Reifen immer mindestens achsweise erneuert werden müssen, ist bekannter als die Empfehlung, beim Kauf auf das DOT-Datum auf der Flanke zu achten, das die Herstellungswoche und -jahr nennt.

An den Termin des nächsten Ölwechsels muss der Fahrer eines neueren Ducato nicht denken, weil das Kombiinstrument bei jedem Anlassvorgang eine entsprechende Meldung einblendet. Zudem drosselt das Steuergerät die Motorleistung. Ist die Fälligkeit erreicht, erscheint auf dem Display die Meldung „Service", zusätzlich brennt die Öl-Kontrollleuchte zusammen mit der Motorleuchte. Ein Reset ist nur via Tester möglich. Auch freie Werkstätten haben ihn.

Ebenso wichtig ist der regelmäßige Tausch der Bremsflüssigkeit, denn wie Motoröl altert sie auch, wenn ein Fahrzeug kaum oder gar nicht bewegt wird. Bremsflüssigkeit besitzt hygroskopische Eigenschaften, das heißt, sie nimmt aus ihrer Umgebung, meistens über die Bremsschläuche, kontinuierlich Feuchtigkeit auf. Durch den steigenden Wassergehalt der Bremsflüssigkeit sinkt ihr Siedepunkt. Spätestens wenn der Wassergehalt 3,5 Prozent beträgt, ist der sogenannte Nasssiedepunkt erreicht. Ab diesem Zeitpunkt muss die Bremsflüssigkeit gewechselt werden. Ansonsten droht die Gefahr von Dampfblasenbildung und Ausfall der Bremsanlage.

Ein Checkpunkt, der im Alltag oft vergessen wird, ist der Ölstand in der Servolenkung. Er darf niemals unter die MIN-Marke fallen, da das Servoöl gleichzeitig die Pumpe schmiert. Zur Kontrolle des Ölstandes gibt es einen eigenen Peilstab. Sollte die

Wechselfall Die Wohnmobile von Wenigfahrern stehen oft auf alten, steinhart gewordenen Reifen. Riskant – auch wenn das Profil noch ausreicht

Servolenkung Der Flüssigkeitsbehälter sitzt vorne rechts im Motorraum (hier: Modelljahr 2006)

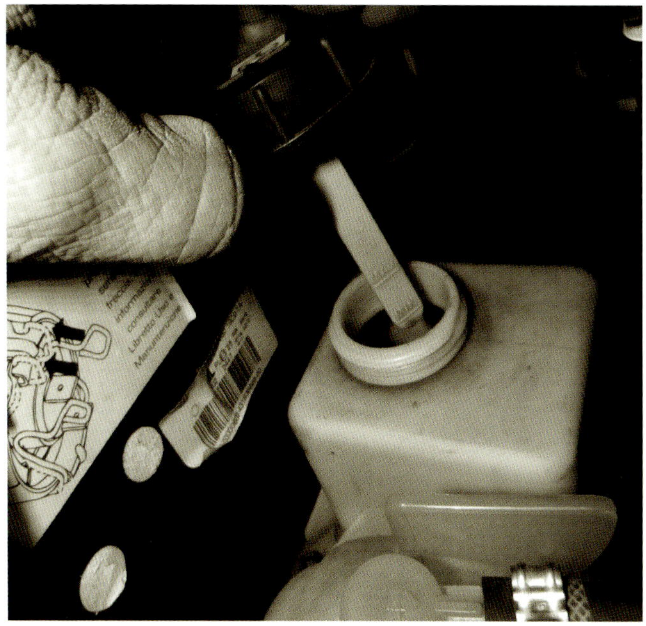

Peilstab In betriebswarmem Zustand (ab 50° C) soll sich der Ölstand zwischen MIN und MAX befinden

Lenkung ungewöhnlich schwer zu bedienen sein, ist eine umgehende Kontrolle obligatorisch. Zum Auffüllen eignet sich ausschließlich Öl der Spezifikation ATF Dexron III. Danach muss unbedingt geklärt werden, was die Ursache des Ölmangels ist.

Bei Reisemobilen ist der Ausstattungsumfang ein weiterer wesentlicher Faktor, der zu einem erhöhten Prüfaufwand führt. Während nackte Transporter zügig gecheckt sind, muss bei Freizeitfahrzeugen oftmals eine Vielzahl von Zusatzeinbauten kontrolliert, gepflegt und gewartet werden.

Obligatorisch ist der Check der Standheizung, aller elektrischer Verbraucher und Pumpen, der Gasanlage, der Einbaugeräte im Küchenblock, der Abläufe im Küchen- und Sanitärbereich, diverser Dichtungen, Innenleuchten, Fensterscheiben und -dichtungen, Außenflächen und Nahtabdichtungen, Klappen und Türen, Schlösser sowie – wenn vorhanden – der Solar- und Sat-Anlage. Auch die Kontrolle des Ruhestroms ist empfehlenswert, um mögliche Fehler frühzeitig zu identifizieren.

Vorschrift Zum Auffüllen muss Hydrauliköl der Spezifikation Dexron III verwendet werden

Checkpunkt Wenn Wasser eindringt, ist es zu spät. Wohnmobil-Fenster sollten regelmäßig auf ihre Dichtheit geprüft werden

Blech konservieren

Der werksseitige Rostschutz eines Fiat Ducato reicht für ein hartes Transporter-Leben, aber nicht für die Vorstellungen vieler Camper vom Langzeit-Automobil. Das heißt in der Praxis: Ein Ducato kann rosten, auch wenn die Schäden erst nach vielen Jahren sichtbar werden. Hintergrund: Die Polyurethan-Schicht, die eigentlich die Karosseriekanten schützen soll, und der Steinschlagschutz des Unterbodens werden mit der Zeit rissig und lassen Feuchtigkeit eindrin-

Schutzschicht Wachsen ist billiger als schweißen – zumindest für Besitzer, die ihren Ducato lange behalten wollen

Viel hilft viel Bis zu 15 Liter Hohlraumwachs lassen dem Rost keine Chance. Die Arbeit ist eine Aufgabe für Profis

gen. Aber der versteckte Rost lässt sich bekämpfen: Bei einem Neuwagen oder dem gründlich mit Trockeneis gereinigten Unterboden eines Gebrauchten ist eine Wachskur ein sinnvolles Investment.

Stimmt die Basis, werden die Hohlräume und Radhäuser mit Lanze und Sonde versiegelt. Unterboden und rostgefährdete Fahrwerksteile werden ebenfalls konserviert. Zwischen 10 und 15 Liter Wachs können es locker sein, die Profis für die Konservierung eines Ducato-Wohnmobils verbrauchen. Das kostet bis zu 2000 Euro, zahlt sich jedoch mittel- bis langfristig durch die Abwesenheit von Rostproblemen aus.

Selbst schrauben

Autarkie ist das größte Glück vieler Camper, das gilt auch beim Schrauben am Reisemobil. Grundsätzlich sollte für Ducato-Neulinge jeder Handgriff gut überlegt sein. Ohne fachliche Vorbildung oder professionelle Hilfe können Reparaturen in Eigenregie zu einem Desaster werden. Vor jeder Reparatur sollte daher die Frage stehen: Was kann ich als Laie, was kann ich nicht? Und ganz wichtig: Welche Werkzeuge erfordert die Arbeit? Aufgrund seines Gewichts und seiner Abmessungen ist der Ducato außerdem für die wenigsten gängigen Pkw-Scherenhubbühnen geeignet. Bei der Wahl des passenden Werkstattplatzes muss unbedingt abgeklärt werden, ob Tragkraft und Arbeitshöhe zum Ducato passen.

Werkzeug kaufen

Um an Fahrzeugen wie dem Ducato 230, 244 oder 250 arbeiten zu können, sind neben den gängigen Sechskantnüssen in 1/2- und 3/4-Zoll-Ausführung auch Vielzahn- und Torx-Einsätze notwendig. Dazu braucht's meistens nur noch zwei gute Hämmer, einen Drehmomentschlüssel und ein oder zwei solide

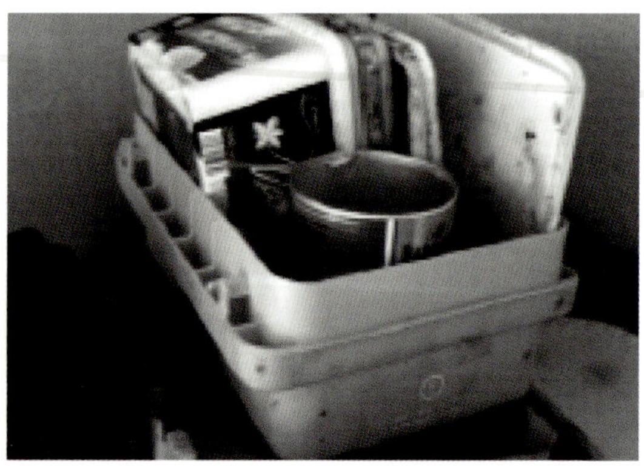

Ordnung Kistchen und Kästchen für die Kleinteile – kostet nichts und erspart Stress beim Suchen

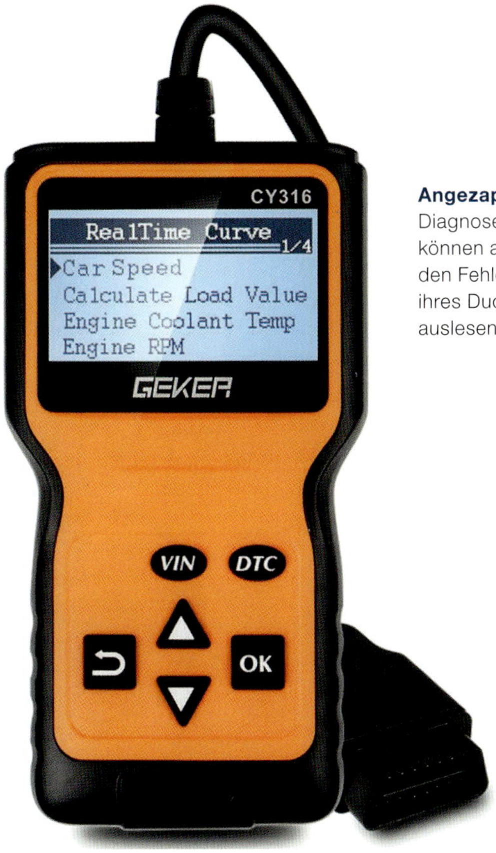

Angezapft Mit einem Diagnosetester können auch Laien den Fehlerspeicher ihres Ducato auslesen

Standardwerkzeug für Ducato-Schrauber

1 Unterstellböcke
2 Auffahrrampen
3 Rollbrett
4 Sprühfett, Rostlöser, Bremsenreiniger
5 Ratschenkasten
6 Schlosserhammer 200 g/500 g
7 Durchschlagset und Körner
8 Schlitzschraubendreher
9 Kreuzschraubendreher
10 Ringschlüssel
11 Gabelschlüssel
12 Drehmomentschlüssel
13 Wasserpumpenzange
14 Seitenschneider
15 Grip- oder Schnappzange
16 Schleifpapier (Korn 120)
17 Handbohrmaschine
18 hydraulischer Wagenheber
19 Bohrerset
20 Innensechskant-/Torxset

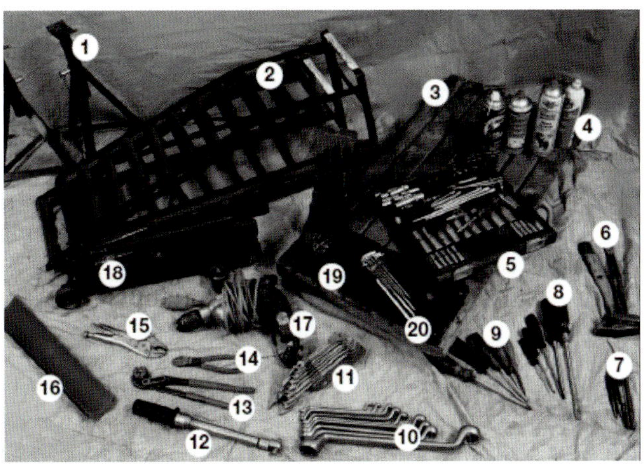

LED-Arbeitsleuchten. Diese Anschaffungen sollten für unter 200 Euro möglich sein. Mit billigerem Werkzeug spart man leider kein Geld, sondern gibt es lediglich zunächst nicht aus. Zum Zerlegen von einzelnen Bauteilen und zur Ablage ist außerdem eine Werkbank von Vorteil.

Da der Ducato spätestens seit 2006 über eine Vielzahl von Steuergeräten verfügt, ist die Anschaffung eines On-Board-Diagnose-Testers inzwischen für auch für Selbstschrauber obligatorisch, denn ohne die Eigendiagnose durch Auslesen des fest verbauten Fehlerspeichers geht es nicht mehr. Neben gravierenden Fehlern werden auch kleinere Probleme geloggt, was gegen willenloses und teures Teiletauschen hilft. Leistungsfähige Diagnosegeräte mit eigenem Display und Auslegung für Lancia und Fiat finden sich von diversen Herstellern zwischen 100 und 200 Euro.

Grenzen kennen

Wer sich als kompletter Neuling an seinen Ducato wagt, sollte nicht alleine schrauben, sondern sich zumindest anfangs um Hilfestellung vom Profi kümmern. In Selbsthilfewerkstätten ist das zum fairen Preis möglich. Viele Teile eines Fahrzeugs haben mit Sicherheit im Straßenverkehr zu tun, deshalb ist es wichtig, jeden Fehler ernst zu nehmen. Anfänger übersehen oft Kleinigkeiten, die größere Probleme nach sich ziehen oder durch Montagefehler erst richtig teuer werden. Auch müssen Airbags, Gurte und Sitze moderner Autos für Laien tabu sein. Sorgloses Herumbasteln an pyrotechnisch betätigten Rückhaltesystemen ist lebensgefährlich und deshalb grundsätzlich ein Fall für eine Fachwerkstatt mit Sachkundenachweis.

Richtig aufbocken

Ein hydraulischer Wagenheber gehört zum Bordwerkzeug des Ducato, damit lässt sich arbeiten, auch wenn's mit einem professionellen Werkstattwagenheber viel besser geht. Einfache Spindelwagenheber sind für das Gewicht des Ducato völlig ungeeignet! Grundsätzlich sollte ein Gummipuffer verwendet werden, um Schäden an der Karosserie zu vermeiden. Und natürlich darf der Ducato niemals an der Motorölwanne, dem Getriebe, an den Achsen, Unterholmen oder im Bereich der Karosserieschweller angehoben werden, weil das zwangsläufig zu Schäden führt. Die Schemaskizze auf dieser Seite zeigt die vier Aufnahmepunkte, die sich zum Anheben eines Ducato eignen.

Alle Fahrzeuge müssen grundsätzlich zusätzlich abgestützt werden – am besten durch eine handelsübliche Hubstütze, die senkrecht unter den Abschlussträger platziert wird. Bei Arbeiten auf einer Hebebühne kann der Ducato zusätzlich mit Spanngurten gegen Abrutschen gesichert werden.

Keilriemen wechseln

Für einen pannenfreien Betrieb ist ein intakter und korrekt gespannter Keilrippenriemen unerlässlich. Je nach Motorvariante gibt es unterschiedliche Prüfszenarien. Grundsätzlich sollte der Motor zum Check des Keilrippenriemens von unten zugänglich sein. Nach der Demontage der dreiteiligen Geräuschdämpfung lässt sich der Motor an der Riemenscheibe mit einem Steckschlüssel drehen.

Der Keilrippenriemen kann auf diese Weise auf Beschädigungen und Verschmutzungen geprüft werden. Die möglichen Defekte reichen von Anrissen, Kern- und Querschnittbrüchen über Lagentrennungen, Ausbrüchen am Unterbau, Ausfransungen der Zugstränge und Flankenverschleiß bis hin zu Schäden durch Motoröl und Fette. Zeigen sich Mängel, muss der Keilrippenriemen unbedingt ersetzt werden.

Beim Ducato gibt es zwei Flachriemen. Der hintere treibt Klimakompressor und Lichtmaschine an, der vordere Flachriemen bedient die Servopumpe

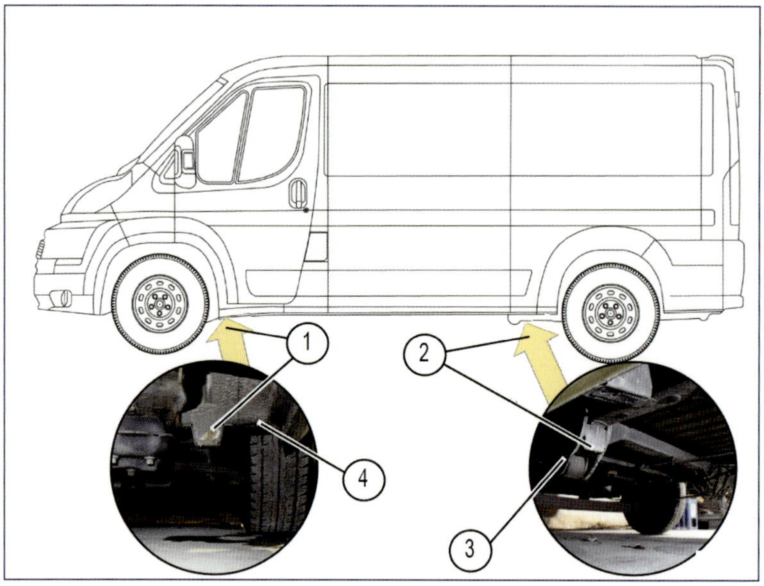

Richtig aufbocken
1 Aufnahmepunkt vorne
2 Aufnahmepunkt hinten
3 Aufsatz auf dem Rahmen hinten
4 Querträger vorne (Ducato Kasten/Kombi, Mj. 2006-14)

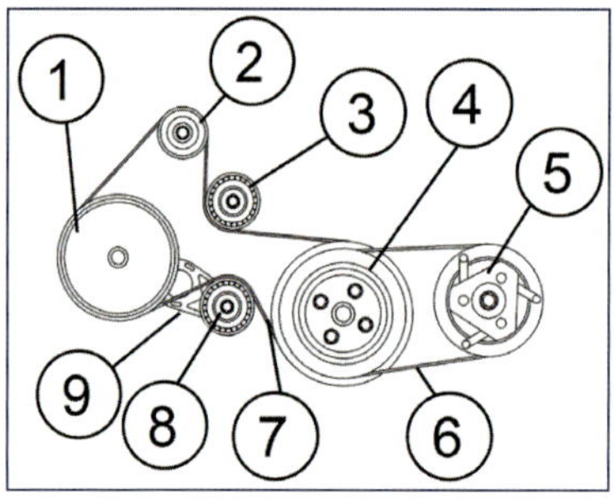

Riementrieb 2,3-Liter-Diesel (2006–2014)
1 Servopumpe
2 Umlenkrolle
3 Generatorantrieb
4 Doppelriemenscheibe auf der Kurbelwelle
5 Klimakompressor
6 Vorderer Flachriemen
7 Hinterer Flachriemen
8 Spannrolle
9 Spannvorrichtung

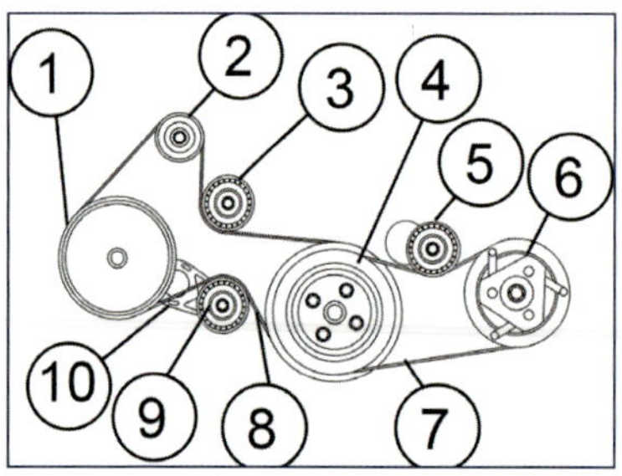

Riementrieb 2,3-Liter-Diesel (2006–2014, Variante 2
1 Servopumpe
2 Umlenkrolle
3 Generatorantrieb
4 Doppelriemenscheibe auf der Kurbelwelle
5 Spannelement Klima
6 Klimakompressor
7 Vorderer Flachriemen
8 Hinterer Flachriemen
9 Spannrolle
10 Spannvorrichtung

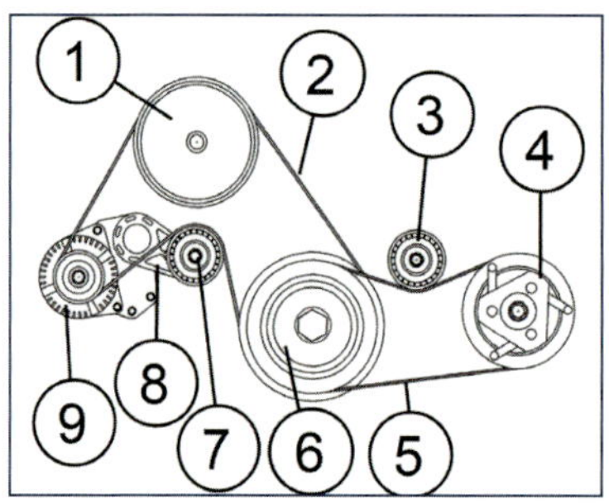

Riementrieb 3,0-Liter-Diesel (2006–2014)
1 Wasserpumpe
2 Hinterer Flachriemen
3 Umlenkrolle
4 Klimakompressor
5 Vorderer Flachriemen
6 Doppelriemenscheibe auf der Kurbelwelle
7 Spannrolle
8 Spannvorrichtung
9 Generator

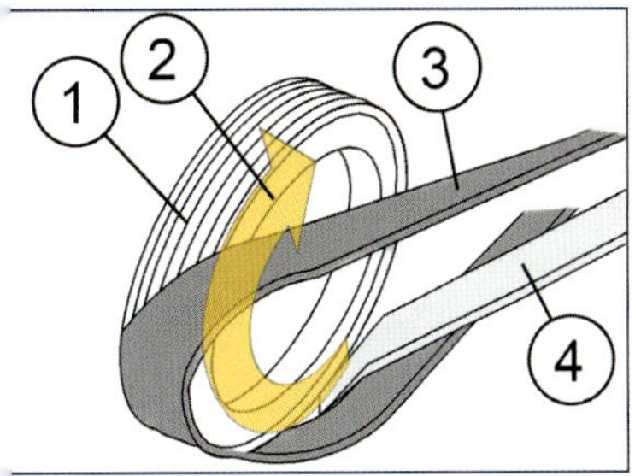

Aufziehen des Stretchriemens beim 2,3-Liter-Motor
1 Riemenscheibe
2 Drehrichtung zur Montage
3 Flachriemen
4 Montagehilfe

und damit auch die Wasserpumpe. Wenn einzelne Komponenten wie Umlenkrolle, Klimakompressor oder Lichtmaschine ausgebaut werden, reicht es, den Flachriemen abzunehmen. Sollte ein Ausbau notwendig sein, muss zwangsläufig auch der vordere Flachriemen aus- und eingebaut werden. Dazu muss das rechte Vorderrad abgebaut und die Geräuschdämmung entfernt werden. Wichtig ist es, vor dem Ausbau die Laufrichtung des Keilriemens mit einem feinen Lackstift am Rand zu markieren. Nach dem Entspannen der Spannrolle lässt sich der Flachriemen des Klimakompressors abnehmen. Die Montage erfolgt sinngemäß in umgekehrter Reihenfolge.

Basiswissen Zu jedem Ölservice gehört der Tausch des Ölfilters. Der alte Filter muss natürlich fachgerecht entsorgt werden

Kompression prüfen

Zum Ermitteln des Motorverschleißes und zum Detektieren von Schäden ist ein Kompressionstest seit Jahrzehnten die bewährte Vorgehensweise. Als Werkzeug dient üblicherweise ein Kompressionsschreiber, der zu jeder professionellen Werkstattausrüstung gehört. Gerade bei Ducatos mit sechsstelligen Laufleistungen kann der Kauf eine sinnvolle Investition sein: Günstige Geräte gibt es schon für unter 50 Euro.

Für ein aussagekräftiges Ergebnis sollte eine Messung bei warmem Motor erfolgen. Die Öltemperatur sollte mindestens 30 Grad Celsius und die Batteriespannung mindestens 11,5 Volt betragen. Anschließend werden die Steckverbindungen der Einspritzeinheiten abgezogen, die Glühstiftkerze des zu prüfenden Zylinders ausgebaut und ein Gewindeadapter eingeschraubt. Nun wird der Kompressionsdruck geprüft, bis das Messgerät keinen Druckanstieg mehr anzeigt. Die Sollwerte sind bei allen Diesel-Motoren ähnlich: Der Kompressionsdruck eines neuwertigen Motors liegt bei rund 25 bis 31 bar. Ab einem Kompressionsdruck unter 19 bar oder einem Druckunterschied von mehr als 5 bar sollte das Aggregat im Detail geprüft und instandgesetzt werden.

Motorölwechsel

Frisches Motoröl in ausreichender Menge gehört zu den Grundvoraussetzungen für einen störungsfreien Betrieb. Es schmiert nicht nur, sondern bindet auch den Schmutz und macht ihn unschädlich, bis er beim nächsten Ölwechsel aus dem Kreislauf entfernt wird. Zum Ablassen des Altöls muss der betriebswarme Ducato angehoben und die Geräuschdämpfung ausgebaut werden. Die Ölablassschraube sitzt unten in der Ölwanne und lässt sich leicht herausdrehen.

Die Ölablassschraube sollte stets mit einem neuen Dichtring handfest eingeschraubt und mit einem präzisen Drehmoment von 30 Nm (M14) oder 50 Nm (M24) angezogen werden. Das Drehmoment darf keinesfalls überschritten werden, denn das könnte zu Undichtigkeiten oder sogar zu Beschädigungen führen.

Wie alle Hersteller verwendet Fiat ab Werk ein Mehrbereichsöl, das in unseren Breitengraden als Ganzjahresöl gefahren werden kann. Wird der Filter nicht ausgebaut und gewechselt, werden rund 0,5 Liter weniger Öl benötigt. Beim Nachfüllen und beim Ölwechsel muss streng die Spezifikation beachtet werden, wie sie Fiat in der Betriebsanleitung vorschreibt. Andernfalls drohen ernste Schäden am Motor und am Partikelfilter. Nach Einfüllen des frischen Öls sollte der Motor kurz laufen, um eventuelle Undichtigkeiten lokalisieren zu können. Danach ist erneut der Ölstand zu prüfen und gegebenenfalls nachzufüllen.

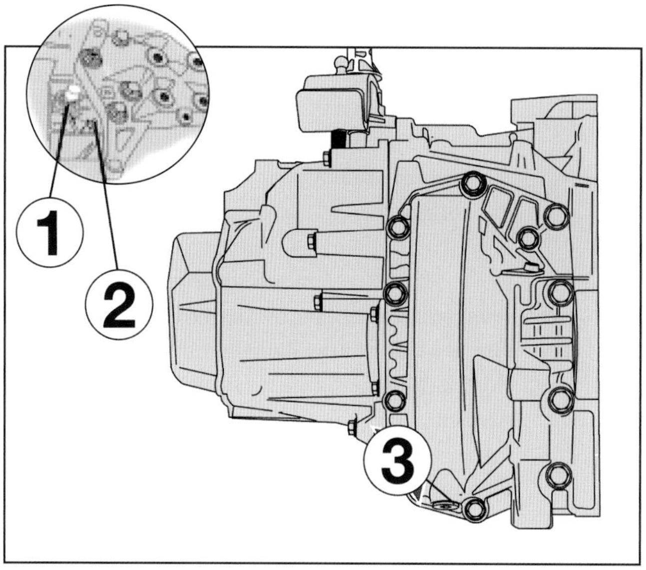

Ölwechsel für Fünf- und Sechsganggetriebe (2,2- und 2,3-Liter-Motore Mj. 2006-14)

1 Entlüftung und Einfüllstutzen
2 Rückwärtsgangschalt
3 Ablassschraube zum Differenzialgehä

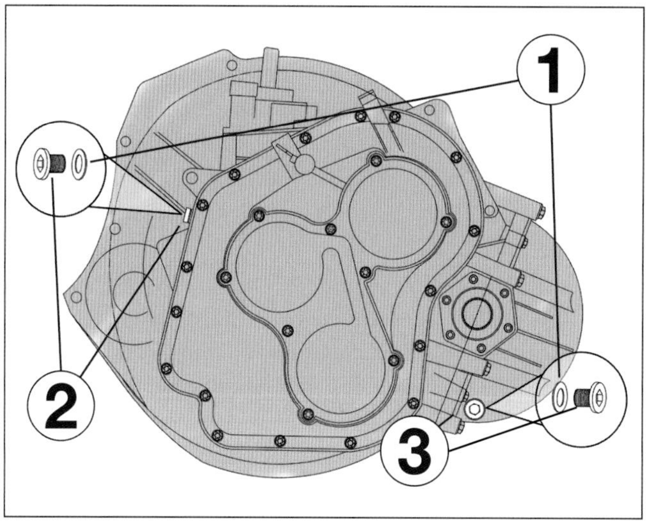

Ölwechsel für Sechsganggetriebe (3,0-Liter-Motoren)

1 Dichtring
2 Öleinfüllschraube
3 Ölablassschraube

Ölfilter wechseln

Beim 2006 eingeführten Ducato 250 gibt es zwei verschiedene Ölfiltersysteme: Sowohl Filtereinsätze als auch Filterpatronen kommen zum Einsatz.

Wechsel bei 2,2-Liter-Motoren:
Ausbau: Fahrzeug auf die Hebebühne stellen und Motor etwas abkühlen lassen, um Verbrennungen zu vermeiden. Falls der Ducato über einen mittleren Unterfahrschutz verfügt, muss dieser demontiert werden. Danach die Kappe lösen und auslaufendes Öl mit einem Behälter auffangen. Der Filter lässt sich abziehen und muss fachgerecht, etwa bei einer Altöl-Annahmestelle, entsorgt werden.

Einbau: Der neue Filter wird in die Kappe gesetzt und benötigt stets einen unbenutzten Dichtring. Dieser kommt seiner Aufgabe am besten nach, wenn er leicht eingeölt wird. Kappe in den Filterflansch schrauben und handfest anziehen, keinesfalls fester, denn das kann zu Schäden führen.

Wechsel bei 2,3-Liter- und 3,0-Liter-Motoren
Ausbau: Gleiches Vorgehen wie oben, jedoch lässt sich der Ölfilter mit einem Ölfilterschlüssel lösen. Ablaufendes Öl in einem geeigneten Behälter auffangen, danach sollte sich der Ölfilter problemlos abschrauben lassen. Die Auflagefläche des Filters muss gründlich gereinigt werden.

Einbau: Vor dem Einbau des neuen Ölfilters sollte die Auflagefläche des neuen Ölfilters leicht eingeölt werden, dann den neuen Ölfilter vorsichtig auf das Gewinde drehen und lediglich handfest anziehen. Mögliche Ölreste lassen sich mit Bremsenreiniger und einem Lappen entfernen.

Getriebeöl wechseln

Bei 2,2- und 2,3-Liter-Versionen: Fahrzeug anheben, Geräuschdämpfung unten in der Mitte entfernen, falls diese verbaut ist, und Luftfilterkasten ausbauen. Um Verunreinigungen im Getriebe zu vermeiden, sind die Bereiche um die Einfüllschraube und die Ablassschraube sorgfältig zu reinigen. Der Gehäuseentlüftungsstopfen am Getriebe muss im nächsten Schritt abgezogen oder herausgedreht werden, anschließend wird die Ölablassschraube herausgedreht. Nachdem das Getriebeöl ausgelaufen ist, kann die Ölablassschraube wieder eingeschraubt und mit 22 Nm angezogen werden. Danach kann das Getriebeöl aufgefüllt werden. Beim 2,2-Liter-Motor werden 2,4 Liter SAE 75 W-85-Öl benötigt, beim 2,3-Liter-Diesel sind es 2,7 Liter API GL4. Achtung: Es gibt keine Kontrollbohrung und keinen Peilstab! Die korrekten Ölmengen müssen daher vorab ausgelitert werden, um eine gefährliche Unter- oder Überfüllung zu vermeiden. Auch muss unbedingt die Dichtung der Ablassschraube ersetzt werden. Danach kann die Öleinfüllschraube eingeschraubt und mit 22 Nm angezogen werden. Abschießend Stopfen aufdrücken und Geräuschdämpfung wieder anbauen.

Bei 3,0-Liter-Versionen: Vorgehen wie oben, allerdings werden 2,9 Liter API GL4-Öl benötigt. Auch hier gibt es keine Kontrollbohrung und keinen Peilstab. Die Öleinfüllschraube muss mit 30 Nm angezogen werden.

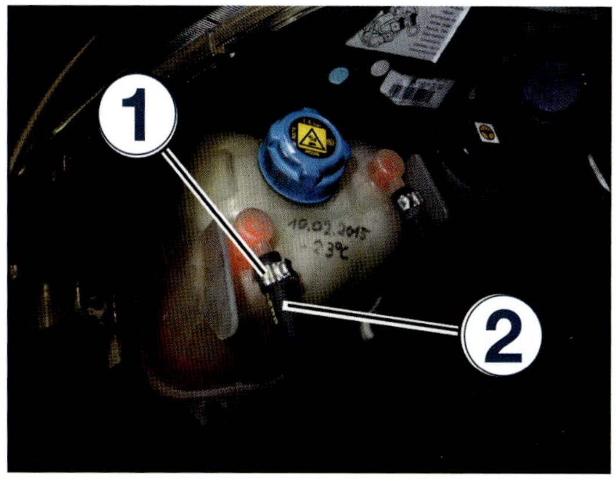

Entlüftungsschlauch am Ausgleichsbehälter (1) mit Schelle (2)

Kühler aus- und einbauen

Trotz der unterschiedlichen Motorisierungen ist die Arbeit stets sehr ähnlich. Der Schwierigkeitsgrad ist erheblich, daher sollten sich an den Austausch des Kühlers nur versierte Schrauber wagen. Zunächst wird – sofern vorhanden – die obere Geräuschdämpfung entfernt, danach die Motorverkleidung unten mittig und rechts. Beim Ablassen des Kühlmittels ist auf eine niedrige Kühlmitteltemperatur zu achten. Zuerst den Verschlussdeckel des Kühlmittelausgleichsbehälters öffnen, danach die Entlüftungsschraube in der Rücklaufleitung der Heizung. Danach kann die Ablaufschraube des Kühlsystems geöffnet und herausgedreht werden.

Am Kühleranschluss befindet sich unten eine Schnellkupplung. Sobald diese gelöst ist, kann das Kühlmittel in eine große Auffangwanne abgelassen werden. Es folgt die Demontage der Anschlussschläuche zum Ladeluftkühler. Falls eine Klimaanlage verbaut ist, muss der Klimakühler vorsichtig vom Wasserkühler getrennt werden. Die Kühler sind durch Rasten miteinander verbunden. Danach kann die Schlauchschelle am Ausgleichsbehälter gelöst und der Entlüftungsschlauch zum Kühler abgezogen werden. Nach dem Lösen der oberen Befestigungsschrauben kann der Kühler bewegt werden. Nun müssen die Anschlussstecker vom Relais, vom

Befestigung des Klimakühlers

1 Haltelasche mit Raste
2 Motorkühler
3 Klimakühler
4 Haltelasche mit Zentrierung
5 Einschubwinkel

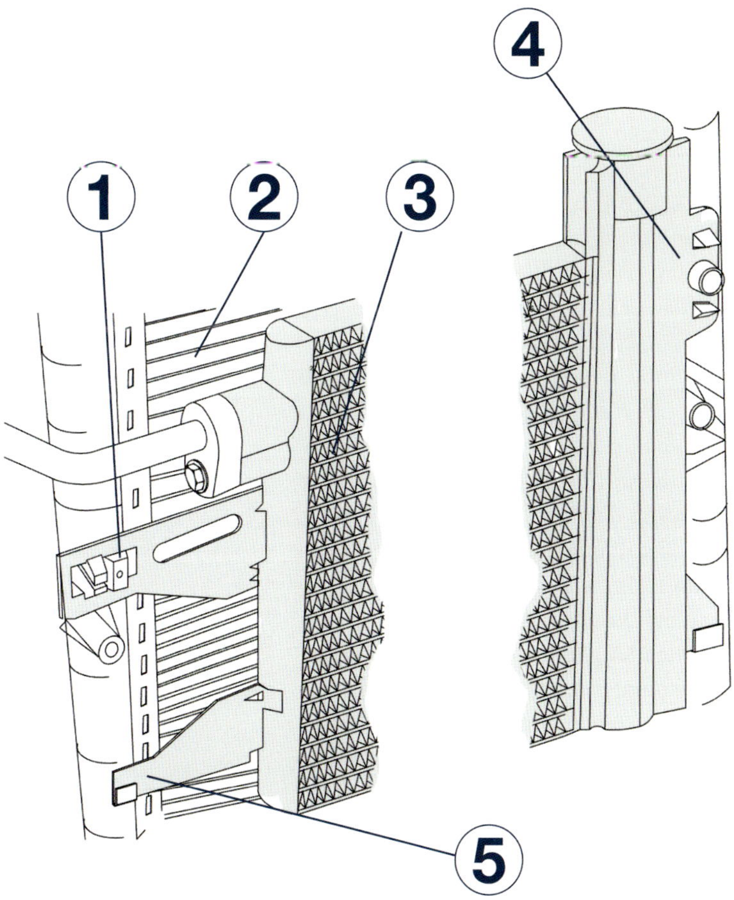

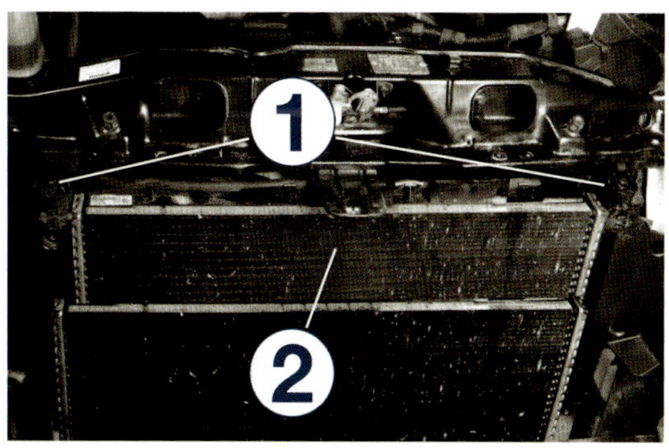

Halterungen (1) des Kühlers (2) am vorderen Querträger

Widerstand und von den Lüftermotoren abgezogen und das Anschlusskabel aus den Halterungen an der Lüfterzarge entfernt werden. Der Kühler kann nur samt den Lüftern und der Lüfterzarge herausgenommen werden. Die Schlauchschellen und die Halteschellen an der Lüfterzarge müssen gelöst sein, dies gilt auch für die Entlüftungsleitung zum Ausgleichsbehälter. Die Klammern der Lüfterzarge rechts und links sind ebenfalls zu entfernen.

Wenn ein neuer Kühler verbaut wurde, sollte unbedingt frische Kühlflüssigkeit verwendet werden. Das von Fiat empfohlene Paraflu Up ist mit den roten G30-Kühlmitteln von Glysantin vergleichbar. Außerdem ist darauf zu achten, dass das empfindliche Kühlernetz beim Einbau nicht versehentlich beschädigt wird. Der Einbau erfolgt grundsätzlich in umgekehrter Reihenfolge zum Ausbau. Außerdem muss das Fahrzeug auf ebenem Untergrund sorgfältig über den Ausgleichsbehälter mit Kühlflüssigkeit befüllt werden, bis Flüssigkeit aus der Entlüftung am Rücklaufschlauch der Heizung austritt. Das Kühlmittel sollte danach bis an die obere Markierung im Ausgleichsbehälter reichen. Danach den Ausgleichsbehälter schließen, den Motor starten und einige Minuten im Leerlauf arbeiten lassen, bis der Kühlerlüfter anspringt. Dabei sollte unbedingt auch der Kreislauf einer möglichen Motorzusatzheizung geöffnet sein. Nach dem Probelauf den Kühlmittelstand prüfen und – sofern notwendig – Kühlflüssigkeit nachfüllen.

Glühkerzen prüfen

Für einen sicheren Start bei niedrigen Temperaturen benötigen die Dieselmotoren des Fiat Ducato fitte Glühkerzen. Leider ist der Wechsel kein ganz einfacher Job. Vor der Demontage sollte der Widerstand gemessen werden, um sich Gewissheit zu verschaffen, dass die Glühkerze tatsächlich defekt ist, denn aufgrund der hohen Ströme können auch Probleme an den Anschlusskabeln die Funktion der Glühkerze beeinträchtigen. Zur Prüfung muss das Anschlusskabel freigelegt und der Anschlussstecker gezogen werden. Die Stecker auf den Glühkerzen müssen fest sitzen. Die Prüfung übernimmt ein Multimeter, das auf einen Widerstand von 200 Ohm eingestellt ist. Der Widerstandswert der Glühkerze wird gegen

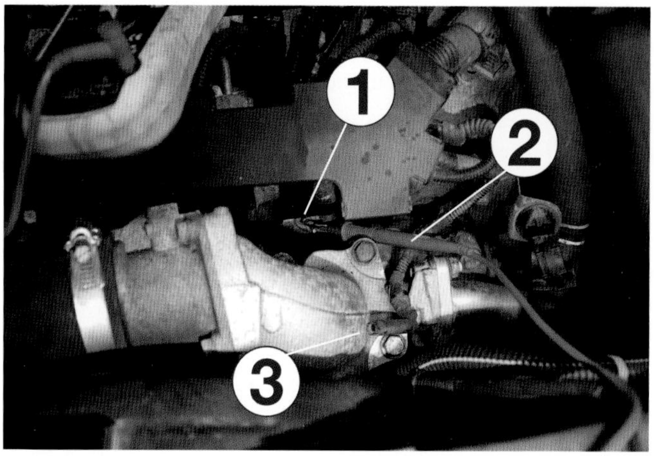

1 Steckanschluss der Glühkerze
2 Prüfspitze der Glühkerze
3 Anschuss-stecker der Glühkerze

Glühkerzen sollten nicht einzeln gewechselt werden, sondern immer im Satz. Mindestanforderung: immer die Kerzen des gleichen Herstellers und Typs verwenden

Masse gemessen, also zum Beispiel gegen den Zylinderkopf, und muss kleiner als 1 Ohm sein sein. Ist eine Glühkerze defekt, sollten auch alle anderen getauscht werden, und zwar gegen identische Neuteile.

Luftfilter wechseln

Der Luftfilter versorgt den Motor mit Sauerstoff, verhindert das Eindringen von Staub, Schmutz und Insekten in den Ansaugtrakt und dämpft nebenbei auch das Motorgeräusch. Wenn der Luftfilter verschmutzt ist, kann der Motor nicht mehr genug Luft ansaugen, was zu Leistungsverlust und deutlichen Mehrverbrauch führen kann. Neben dem regelmäßigen Tausch des Filters sollte auch der Luftfilterkasten hin und wieder gereinigt werden. Das Luftfiltergehäuse kann mit Pressluft ausgeblasen oder mit einem Industriestaubsauger ausgesaugt werden. Luftführende Motorbauteile wie Luftmassenmesser und Lufteinlassrohre sollten stets mit einem Lappen geschützt und nicht direkt ausgeblasen werden. Auch die Verwendung silikonhaltiger Gleitmittel bei der Filtermontage kann Schäden verursachen.

Der eigentliche Luftfilter ist eines der meistverkauften Ducato-Standardteile und von vielen Anbietern erhältlich. Theoretisch ist es zwar möglich, den alten

Luftfilterkasten mit Schläuchen

1 Luftmassenmesser
2 Luftfilterkasten
3 Anschluss Luftzufuhr vom Querträger
4 Ladeluft zum Ladeluftkühler
5 Ladeluft vom Ladeluftkühler
6 Drosselklappe mit Steller
7 Ansaugschlauch vom Luftfilter

Luftfilter mit Druckluft auszupusten, aber ganz sauber wird er dadurch nicht. Zudem ist das Neuteil so günstig, dass sich solche Recycling-Aktionen nicht rentieren.

Das Luftfilteroberteil ist mit zwei Schrauben gesichert. Nach dem Lösen lässt sich der Luftfilter herausnehmen. Wichtig ist, dass der neue Luftfiltereinsatz mit Sorgfalt eingesetzt wird, er muss richtig im Gehäuse sitzen, und die Dichtung muss korrekt aufliegen. Relativ häufig kommt es bei älteren Ducatos vor, dass der Dichtring des Luftfiltergehäuses zerbröselt. Als Originalteil ist er bei Fiat nicht einzeln erhältlich, wohl aber als Nachbau auf dem freien Teilemarkt.

Abgasanlage checken

Die Lebensdauer der Ducato-Abgasanlage hängt von vielen Faktoren ab, in der Regel hält sie jedoch 150.000 Kilometer und mehr. Ist man überwiegend auf kurzen Strecken unterwegs, fallen mehr Kondensat, Ruß und aggressive Säuren im Innern der Anlage an als beim Langstreckenbetrieb mit durchgewärmtem Motor. Das Abgasvorrohr ist seltener als die anderen Teile vom Rost bedroht, weil dort die Abgase mit Temperaturen zwischen 800 und 1000 Grad Celsius einströmen. Danach verlieren diese an Temperatur und sind am Endrohr nur noch 150 bis 300 Grad Celsius heiß. Dort tritt dann auch Kondenswasser aus und mischt sich mit Verbrennungsrückständen zu aggressiven Säuren. Dies lässt das Auspuffblech früher oder später von innen nach außen korrodieren.

Reparaturen an defekten Auspuffanlagen mit Abdichtkits oder Notbandagen sind nur eine Behelfslösung, auch Schweißen bringt meist nichts, weil das Blech wenig später an der nächsten Schwachstelle bricht. Werkstätten empfehlen daher den Tausch der kompletten Auspuffanlage. Für Laien ohne Hebebühne ist das keine empfehlenswerte Arbeit, doch der Zustand und die Dichtheit der Anlage lassen sich auch ohne professionelles Knowhow prüfen: Der Motor arbeitet dabei im Leerlauf, das Auspuffendrohr wird für die Dauer der Dichtheitsprüfung mit einem Lappen verschlossen. Der Motor kann bei diesem Test durch den erhöhten Gegendruck ausgehen.

Luftfilterkasten beim 2,3-Liter-Motor, der Deckel ist mit vier Schrauben befestigt

Abblendlichtlampe wechseln: Untere Abdeckkappe drehen und abnehmen. Dann den Anschlussstecker abziehen. Danach die Sicherungsklammern der Lampe für Abblendlichtscheinwerfer lösen. Die Lampe aus der Lampenfassung herausziehen. Der Einbau erfolgt sinngemäß in umgekehrter Reihenfolge. Wichtig: Die Lampe muss so in die Lampenfassung gesteckt werden, dass der Zapfen der Lampe an der Führung der Lampenfassung liegt.
Lampentyp für Abblendlicht: 12 V, H7

Fernlichtlampe wechseln: Die Sicherungsklammern der Lampe für Fernlichtscheinwerfer lösen. Dann die Lampe gerade und mit großer Vorsicht aus der Lampenfassung herausziehen. Der Einbau erfolgt sinngemäß in umgekehrter Reihenfolge. Die Lampe muss so in der Lampenfassung stecken, dass der Zapfen der Lampe an der Führung der Lampenfassung liegt. Die Sicherungsklammern der Lampe für Abblendlichtscheinwerfer müssen einrasten. Danach kann der Anschlussstecker aufgeschoben werden.
Lampentyp für Fernlicht: H1, 12 V, 55W

Scheinwerfer aus- und einbauen

Die Scheinwerfer dürfen nur bei ausgeschalteter Zündung ein- und ausgebaut werden, die Motorhaube muss beim Ausbau geöffnet sein. Die Schrauben der Blenden über und unter dem Scheinwerfer herausdrehen, dann die Blende über dem Scheinwerfer vorsichtig ausclipsen und ausbauen. Anschließend müssen die Befestigungsschrauben des Scheinwerfers herausgeschraubt werden, nun wird der Scheinwerfer vorsichtig nach vorne herausgezogen. Vor dem Entnehmen muss die elektrische Steckverbindung am Scheinwerfer entriegelt und getrennt werden. Der Einbau erfolgt in umgekehrter Reihenfolge.

Nebelscheinwerfer aus- und einbauen

Motorhaube öffnen und den Unterfahrschutz komplett ausbauen. Die elektrische Steckverbindung in der Fassung des Nebelscheinwerfers muss entriegelt werden, danach den elektrischen Anschlussstecker des Nebelscheinwerfers vom Nebelscheinwerfer abziehen und die Befestigungsschrauben herausdrehen. Dann kann der Nebelscheinwerfer durch das Radhaus herausgenommen werden. Der Deckel des

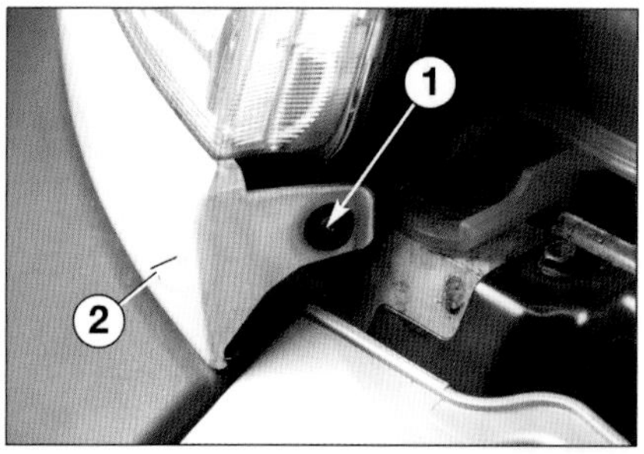

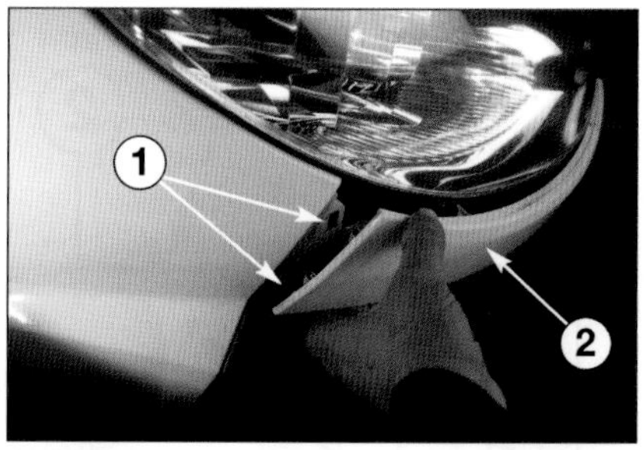

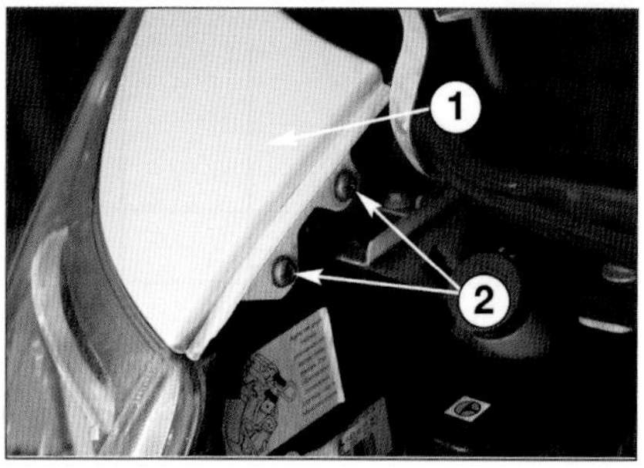

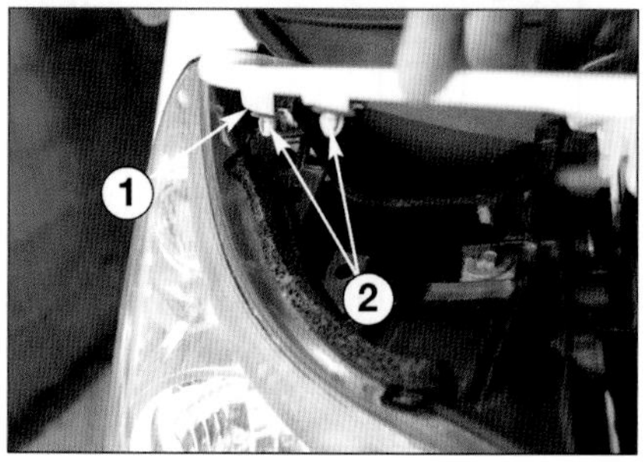

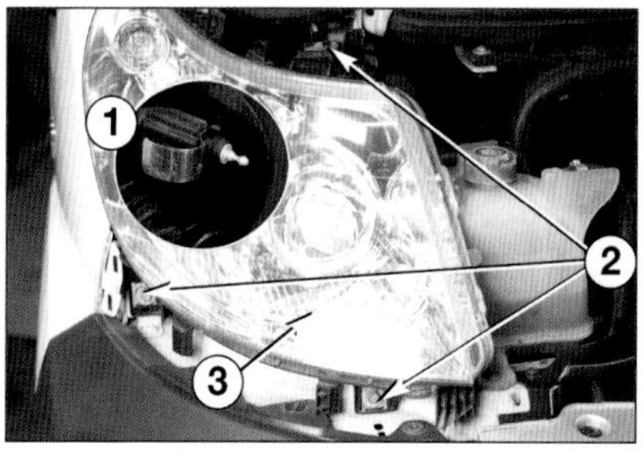

Fotos erste Reihe
Blende unter dem Scheinwerfer
1 Schraube
2 Blende

Blende unter dem Scheinwerfer
1 Clip
2 Blende

Fotos zweite Reihe
Blende über dem Scheinwerfer
1 Blende
2 Schrauben

Blende über dem Scheinwerfer
1 Blende
2 Clip

Foto dritte Reihe
Scheinwerfer-Befestigung
1 Clip zum Kotflügel
2 Schrauben
3 Scheinwerfer

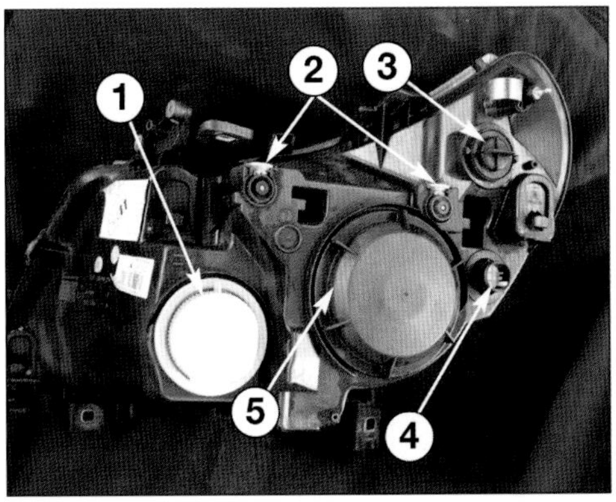

Scheinwerfer von hinten
1 Deckel zum Fernlicht
2 Einstellschrauben
3 Deckel zum Blinklicht
4 Steckkontakt Scheinwerfer
5 Deckel zum Abblendlicht

Lampe Blinklicht
1 Glühlampe PY21W
2 Fassung

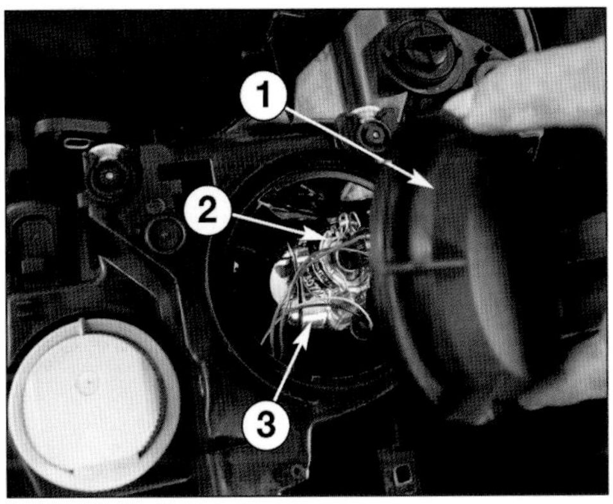

Lampe Abblendlicht und Standlicht
1 Deckel
2 H7-Glühlampe (Abblendlicht)
3 H5W-Glühlampe (Standlicht)

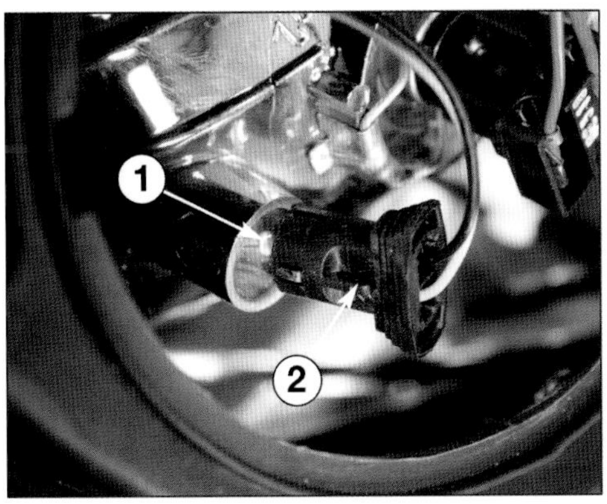

Ausbau des Standlichts
1 W5W-Glühlampe (Standlicht)
2 Standlichtfassung

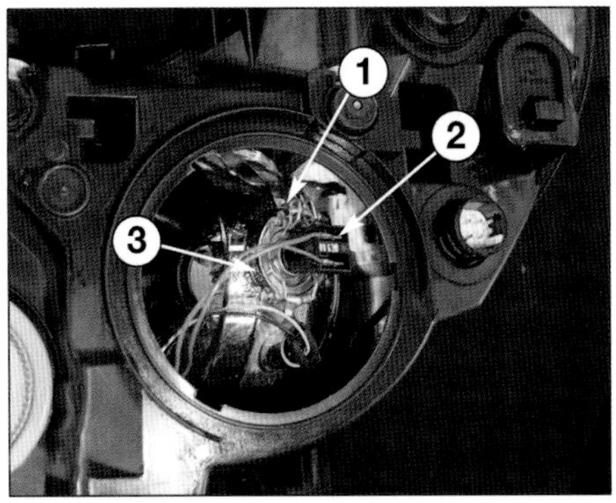

Ausbau des Abblendlichts
1 Sicherungsklammern
2 Steckkontakt
3 Lampe für Abblendlicht

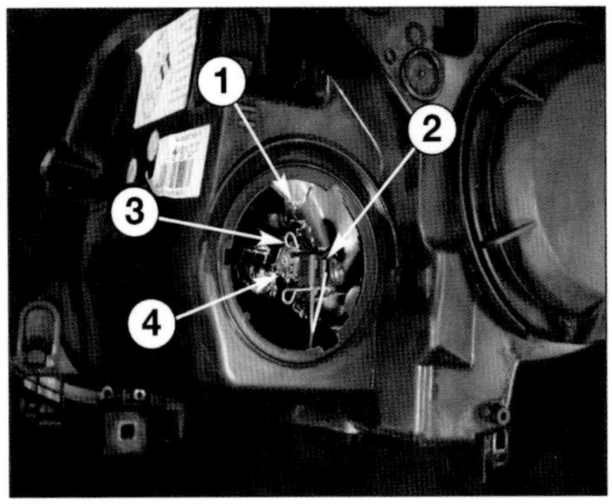

Ausbau des Fernlichts
1 Sicherungsklammern
2 Steckkontakt
3 Lampe für Fernlicht
4 Lampenfassung

Ausbau des Standlichts
1 H1-Glühlampe (Fernlicht)
2 Steckkontakt
3 Sicherungsklammern

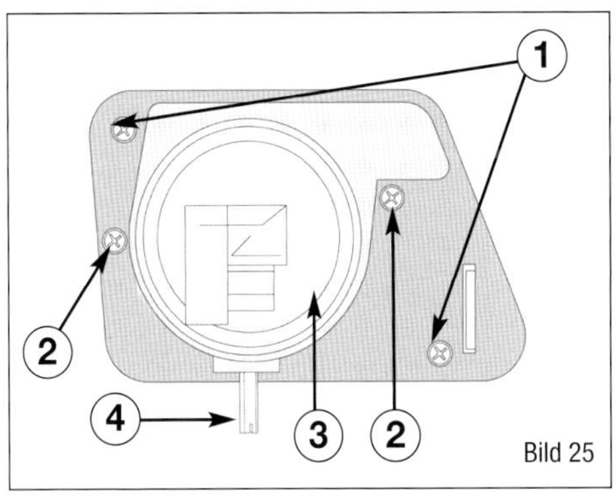

Bild 25

Nebelscheinwerfer von hinten
1 Befestigungsschrauben Adapterrahmen
2 Befestigungsschrauben Nebelscheinwerfer
3 Deckel Nebelscheinwerfer
4 Einstellschraube

Nebelscheinwerfers lässt sich gegen den Uhrzeigersinn aufdrehen. Die Glühlampe hat einen Steckkontakt und kann nach Entsichern der Halteklammern herausgenommen werden. Der Einbau erfolgt sinngemäß in umgekehrter Reihenfolge.
Lampentyp für Nebelscheinwerfer: 12V, 55W (H1)

Einstellen der Scheinwerfer

Grundvoraussetzung für eine korrekte Scheinwerfereinstellung ist der vorgeschriebene Reifendruck. Die Streuscheiben der Scheinwerfer dürfen außerdem weder beschädigt noch verschmutzt sein. Gleiches gilt für Reflektoren und Glühlampen. Fahrzeug und Scheinwerfer-Einstellgerät müssen auf einer ebenen Fläche stehen, eingestellt und ausgerichtet sein. Die Feinjustierung ist ein Job für Profis!

Im Gehäuse oberhalb der vorderen Scheinwerfer sind Neigungsmaßangaben in Prozent (%) eingeprägt. Nach eben diesen Angaben sollte die Einstellung erfolgen. Die Prozentangabe ist auf 10 Meter Projektionsabstand bezogen. Bei einem Neigungsmaß von z. B. 1,8 Prozent wären das umgerechnet 18 Zentimeter.

Die Leuchtweitenregulierung muss zum Einstellen der Scheinwerfer auf Null stehen. Die Leuchthöhe lässt sich mit der entsprechenden Einstellschraube am Scheinwerfer einstellen (Foto), erst danach soll mit der rechts daneben liegenden Einstellschraube die Seitenverstellung geprüft und gegebenenfalls korrigiert werden.

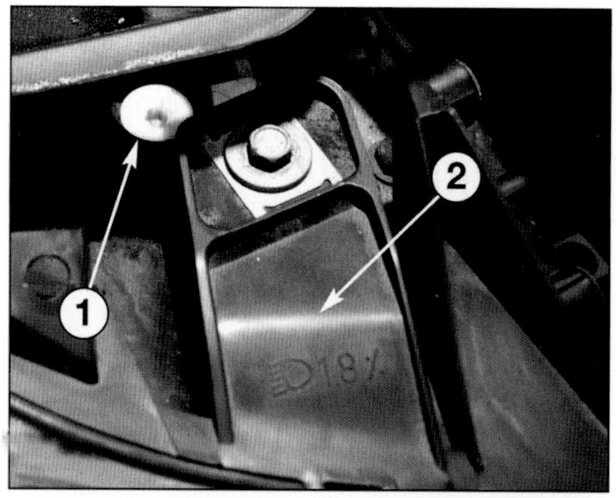

Abblendung auf dem Scheinwerfer
1 Einstellschraube Abblendung
2 Eingeprägter Schriftzug

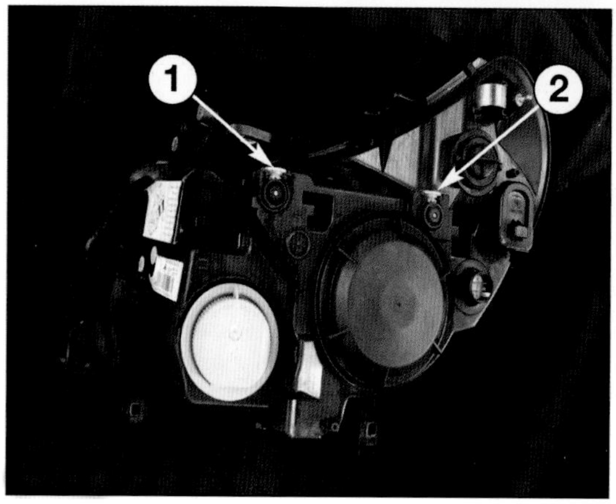

Einstellschrauben an Scheinwerfer
1 Einstellung für die Abblendung
2 Einstellung für die Seitenverstellung

Rückleuchten aus-/einbauen

Bei Ducatos in der herkömmlichen Kasten- und Kombi-Version ist der Tausch der Rückleuchten ohne großen Aufwand möglich. Bei bewohnbaren Kastenwagen sieht die Sache oft anders aus, weil Teile des Innenausbaus im Weg sein können. Bei teil- und vollintegrierten Reisemobilen ist die Sache meist viel einfacher, weil der Tausch der je nach Hersteller unterschiedlichen Rückleuchten nur von außen möglich ist. Hier ist der Tausch bei bei Kasten- und Kombi-Modellen beschrieben.

Die Zündung sollte während der Arbeiten ausgeschaltet sein, die beiden Heckflügeltüren sind bis zum Anschlag zu öffnen. Falls eine Abdeckung über der Leuchteneinheit verbaut ist, muss diese von innen entfernt werden. Die nun freiliegenden Befestigungsschrauben müssen von innen herausgedreht werden. Danach kann die Leuchteinheit entnommen und von der elektrischen Steckverbindung getrennt werden. Der Einbau erfolgt sinngemäß in umgekehrter Reihenfolge.

Wischerblätter wechseln

Der Wechsel ist fällig, wenn die Scheibenwischer schmieren oder deutliche Laufgeräusche zeigen. Die Zündung muss ausgeschaltet sein, die Wischerarme müssen sich in ihrer unteren Ruhelage befinden. Die

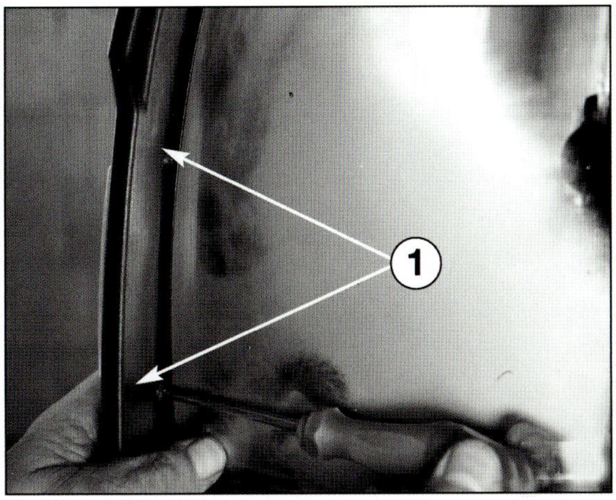

Verschraubungen im Spiegel
1 Befestigungsschrauben

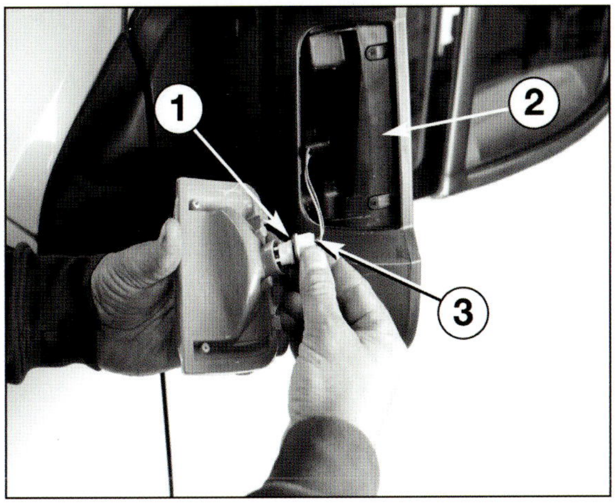

Blinkleuchte im Spiegel
1 Blinkleuchte
2 Rückspiegel
3 Lampenfassung

Rückleuchte beim Kombi- oder Kastenwagen: Zum Lampenwechsel muss die Rückleuchte ausgebaut werden

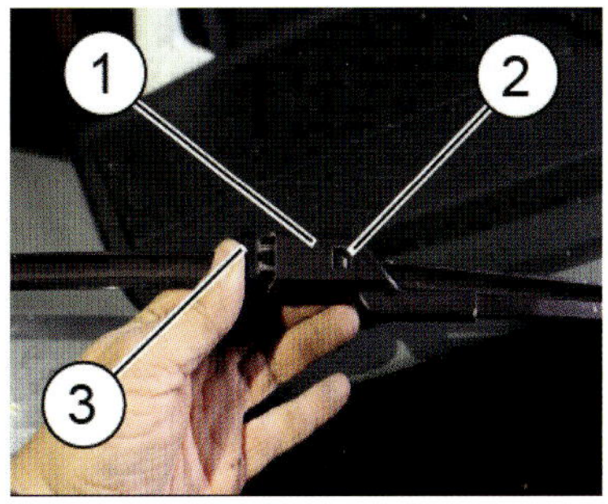

Scheibenwischer
1 Halterung am Wischerarm
2 Rastnase
3 Clip am Wischer

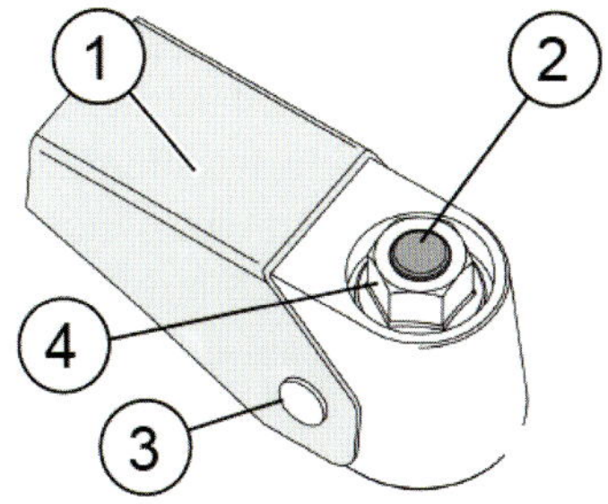

Befestigung Wischerarm
1 Wischerarm oben
2 Wischerwelle
3 Lagerbolzen
4 Mutter

Scheibenwischerarme lassen sich normalerweise leicht von der Scheibe wegklappen; rohe Gewalt sollte beim Ein- und Ausbau vermieden werden. Schlimmstenfalls verbiegt sich der Wischerarm und ist danach defekt. Zudem muss ein ungewolltes Zurückklappen des Wischerarms verhindert werden, damit die Scheibe nicht versehentlich beschädigt wird. Durch Drücken der Rastnase kann der Clip am Wischer aus der Halterung am Wischerarm gelöst werden. Der Einbau erfolgt sinngemäß in umgekehrter Reihenfolge. Das längere Scheibenwischerblatt wird stets auf der Fahrerseite montiert.

Fehlerspeicher auslesen

Ein Fehlercode-Lesegerät ist im freien Handel ab etwa 80 Euro zu haben, es sollte zumindest dann zur Grundausstattung ambitionierter Schrauber gehören, wenn es um einen jüngeren Ducato ab 2006 geht. Die Tester lesen und löschen Fehlercodes in den elektronischen Komponenten der Motorsteuerung, dem automatisierten Getriebe, dem ABS-System, dem Airbag-System und vielen anderen. Auch lässt sich mit dem Tool das Serviceintervall nach einer erfolgten Wartung zurücksetzen. Achtung: Das bloße Löschen von Fehlermeldungen ist keine Reparatur! Und im Zweifelsfall ist es arglistige Täuschung, wenn bekannte Mängel beim Verkauf verschwiegen werden, denn auch elektronische Betrugsversuche lassen sich auslesen.

Individualisieren und Optimieren

Jetzt mache ich ihn besser

Empfehlenswertes Ducato-Zubehör – und was es wirklich bringt

Schon die episch langen Preislisten der Reisemobilhersteller zeigen es: Der Verfeinerung eines bewohnbaren Fiat Ducato sind allenfalls preisliche Grenzen gesetzt. Dabei muss nicht alles, was den Ducato besser macht, gleich ab Werk mitbestellt werden. Das wäre auch den Reisemobilhändlern gar nicht recht, weil sie ungeduldige Kunden gerne mit marktgängig ausgestatteten Lagerfahrzeugen bedienen. Wer dann mehr will als die Serienausstattung, kann sein Zubehör nachträglich montieren lassen. Oder aber warten, bis die Reisekasse wieder Geld für nette Gadgets enthält. Weniger empfehlenswert ist der Kauf von Nice-Price-Zubehörteilen im Internet. Die Qualität muss nicht schlecht sein, aber das stellt sich leider oft erst nach der Gewährleistungszeit heraus – und Kulanz gehört eher nicht zu den typischen Merkmalen der Billigheimer. Auch das Fehlen von Beratung und Kundenservice kann teuer sein. Und die langfristige Versorgung mit Ersatzteilen ist auch beim Zubehör ein Wert an sich, weil Wohnmobile oft sehr alt werden – oder zumindest deutlich älter als viele Mittelklasse-Pkw, die bereits nach zehn oder zwölf Jahren auf den Höfen der Endverbrauchs-Exporteure stehen.

Diese Übersicht erhebt keinen Anspruch auf Vollständigkeit, denn dafür ist das Angebot zu groß. Stattdessen zeigen wir die Top Ten der wichtigsten Zubehörteile und beschreiben, worauf es sich beim Kauf zu achten lohnt. Die Preise und die die Werkstattkosten für Einbau und Montage entsprechen dem Stand vom Sommer 2022.

Luftfedern

Mehr Fahrstabilität und eine Erhöhung des zulässigen Gesamtgewichts sind besonders für Ducato-Schwergewichte über 3,5 Tonnen und mit langem

Lastenausgleich Gerade bei langen Überhängen und großen Heckgaragen ergeben nachgerüstete Luftfedern Sinn

Steuerzentrale Das Bedienpanel der meisten Systeme lässt sich leicht ins Ducato-Cockpit integrieren

hinterem Überhang gefragte Optionen: Luftfedern an der Hinterachse verhindern das Absacken des Hecks und verbessern damit das Fahrverhalten, weil Seitenwindempfindlichkeit und Wankneigung abnehmen. Bei einer ungleichmäßigen Verteilung der Last – etwa durch asymmetrisch positionierte Tanks oder schwere Ausbauelemente wie Küchenzeilen – und der dadurch verursachten Schräglage wirkt eine Zweikreis-Luftfederung ausgleichend. Durch die Erhöhung des Heckniveaus steigt außerdem der nutzbare Böschungswinkel, was nicht nur abseits befestigter Wege ein Vorteil sein kann, sondern auch beim Befahren von Fähren oder dem Benutzen steiler Auf- und Abfahrten. Während der Fahrt ist der Kompressor bei den meisten Systemen über ein nachgerüstetes Bedienpanel im Cockpit steuerbar. Die Umrüstkits kommen von mehreren Herstellern und werden in der Regel als Rundum-Sorglos-Paket mit TÜV-Teilegutachten angeboten, dennoch ist die Vorführung bei einer Prüforganisation nach dem Einbau der Anlage obligatorisch.

Preis: ca. 2000 bis 10.000 Euro

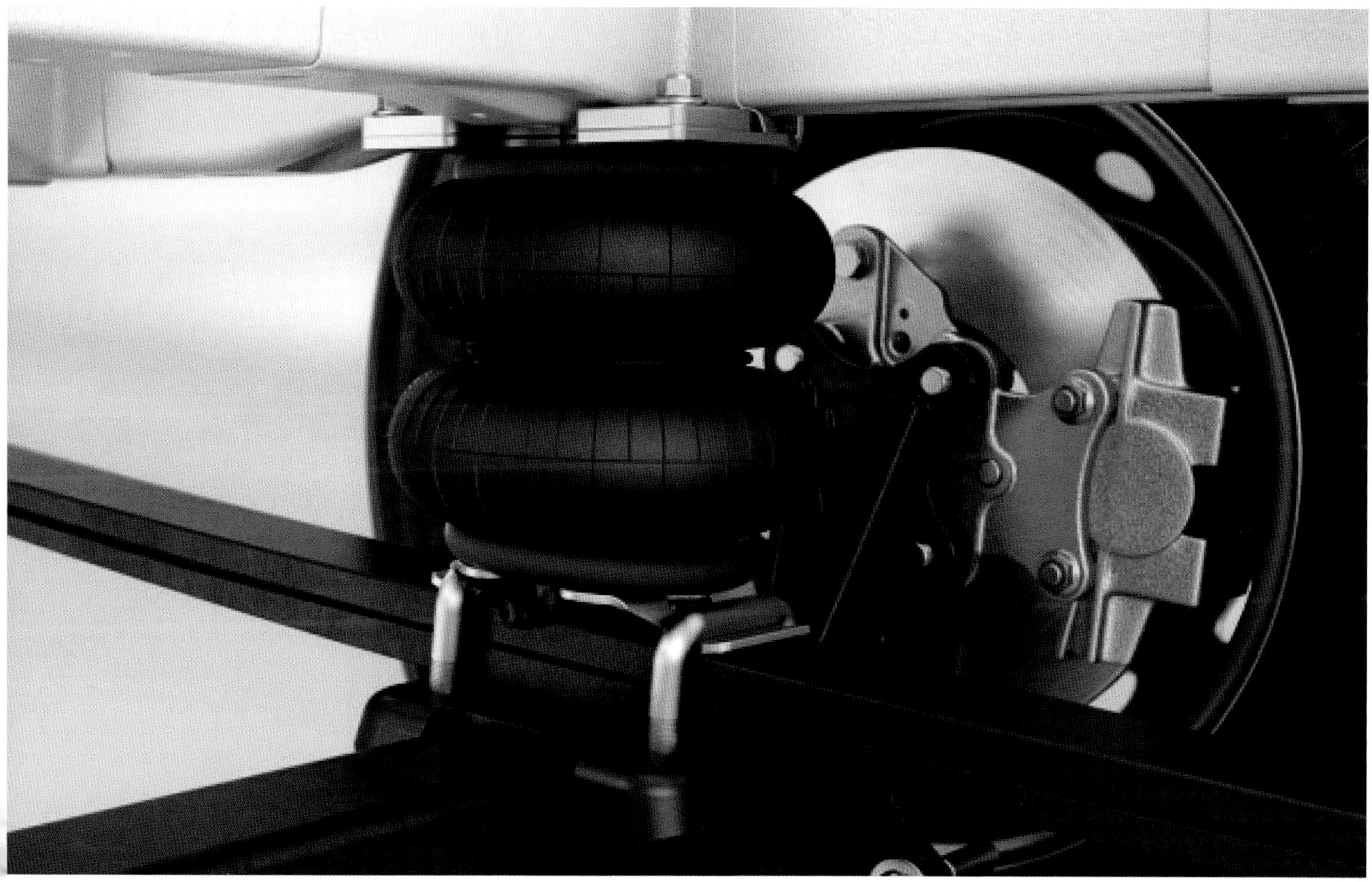

Luft statt Stahl Der empfehlenswerte Luftdruck im Federbalg hängt von der Beladung des Fahrzeugs ab

Hohes Niveau Hubstützen gleichen Unebenheiten aus und sorgen für festen Stand ohne Fahrwerkswanken

Hubstützen

Die Höhe des stehenden Wohnmobils lässt sich auch mit Luftfedern korrigieren, doch das Schwanken des Fahrzeugs verhindern sie nicht. Mit Hubstützen steht es dagegen fest und exakt austariert auf dem Boden – eine Wohltat für Wohnmobilisten, die leicht seekrank werden. Am günstigsten funktioniert das Nivellieren mit elektrischen Hubstützen, haltbarer dagegen sind hydraulische Anlagen. Dass die Systeme meist in große Wohnmobile eingebaut werden, liegt nicht alleine am stolzen Preis, sondern vor allem am Mehrgewicht von rund 70 Kilogramm. Eine Montage in Fahrzeuge der 3,5-Tonnen-Klasse sollte gut überlegt sein. Wer sein Wohnmobil nicht als Langzeit-Anschaffung sieht, sollte ein Hubstützen-

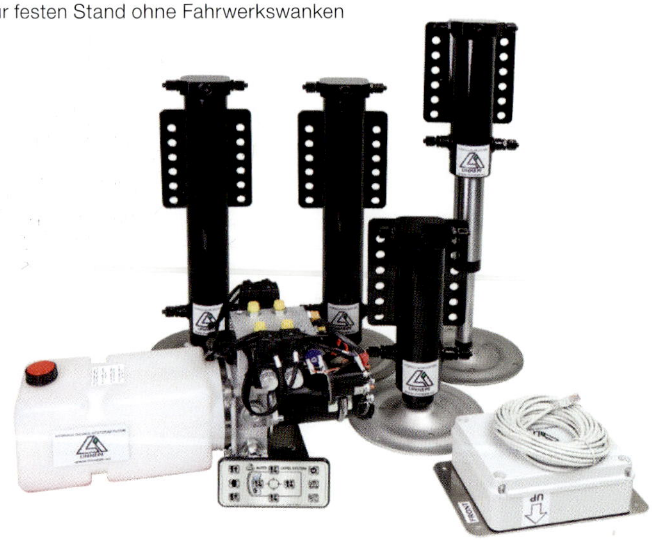

Was darunter steckt Linnepe-Quicklift-Anlage mit Hubstützen, zentralem Hydraulikaggregat und elektronischer Steuerung

Verstärkung Optisch unterscheiden sich Hochleistungsstoßdämpfer – hier von Marquart – kaum von den serienmäßig eingebauten Dämpfern

Set kaufen, das sich leicht wieder ausbauen und ins Nachfolge-Fahrzeug mitnehmen lässt.
Preis: ab ca. 5000 Euro

Stärkere Stoßdämpfer

Die Motorradbrücke am Heck oder ein Trailer mit dem Oldtimer im Schlepp, zusätzliche Tanks an Bord oder ein Schlauchboot auf dem Dach: Viele Wohnmobile müssen auf großer Fahrt richtig hart ranklotzen. Mit neuwertigen Stoßdämpfern kann das gutgehen, doch mit dem Verschleiß nehmen Nicken, Wanken und Schwanken zu, was neben der Fahrstabilität auch den Komfort verschlechtert. Gerade Alkovenmobile mit ihrem hohen Schwerpunkt sind im Alter davon betroffen. Als Alternative zur Luftfederung bieten sich stärkere, straffere und reaktionsschnellere Stoßdämpfer an. Die Anbieter passen dabei die Druck- und Zugstufen der Stoßdämpfer individuell an die Lastverhältnisse des Wohnmobils an – auch dann, wenn es um das Fahrwerk eines frühen Ducato geht. Das H-Kennzeichen ist dadurch nicht in Gefahr, weil es sich um eine Optimierung handelt, die es in dieser Form bereits in den frühen 1990er-Jahren gab.
Preis: ab ca. 1000 Euro (inkl. Einbau)

Zentralorgan Viele Camper sind den großen Infotainment-Bildschirm von ihrem Pkw gewohnt. Er lässt sich leicht nachrüsten

Infotainment

In der Basisversion ist der Ducato kein allzu unterhaltsamer Typ, denn Musik und Navigation kosten immer Aufpreis. Allerdings ist es dank des tiefen Doppel-DIN-Schachts kein großer Aufwand, den Transporter nachträglich mit einem Infotainmentsystem auszustatten. Wer die Testergebnisse und Preise im Internet vergleicht, kommt günstiger weg als bei der Montage in der Werkstatt des Reisemobilhändlers, denn der rechnet oft mit Gewinnspannen von 100 Prozent oder mehr. Auch Arbeitspreise von 150 Euro pro Werkstattstunde lassen sich von freien Werkstätten leicht unterbieten, schließlich ist der Einbau eines Navi-Radios keine Raketenwissenschaft. Wichtig ist nur, dass der Kabelbaum des Ducato beim Einbau des Nachrüstgeräts möglichst nicht zerschnitten oder sonstwie beschädigt wird, denn das führt später häufig zu Problemen. Moderne Aftermarket-Geräte mit zeitgemäßem DAB-Radio und Smartphone-Anbindung via Mirror-Funktion (Android Auto und/oder Apple Car Play) starten bei rund 500 Euro. Sie können fast alles, sind mit ihrer abenteuerlichen Menüführung und winzigen Tasten aber mitunter so kompliziert zu bedienen, dass man die Möglichkeiten schon aus Sicherheitsgründen nicht nutzen möchte. Es lohnt sich also, nicht nur auf die technischen Features zu achten, sondern auch auf die Bedienlogik. Und dann soll es

Kleiner Unterschied Wichtiger als der Preis ist – wie hier bei Alpine – die intuitive Bedienung

Freie Wahl Reisemobil-Navigation von TomTom oder Google Maps vom Handy? Ein modernes System macht beides möglich

auch noch Puristen geben, die aufs fest eingebaute Infotainment pfeifen: Viele kommen heute mit der Navigation per Smartphone und mancher sogar mit dem Sound eines Bluetooth-Lautsprechers zurecht. *Preis: 50 bis 2500 Euro*

Rückfahrkamera

Viele Camping-Neulinge tun sich beim Rangieren schwer, denn die Maße eines Ducato-Kastenwagens fordern Gewöhnung, wenn man vom Pkw kommt. Die Lösung ist das Nachrüsten einer Rückfahrka-

Gut kombiniert Das dritte Bremslicht mit Kamera hat sich als Ducato-Standardlösung durchgesetzt

Fernsehen ohne Kabel Teurere Systeme übertragen das Bild per Funk ins Cockpit

mera mit Monitor im Cockpit. Es gibt sie in unterschiedlichen Ausführungen und Qualitätsstufen, wobei für Ducato-Wohnmobile meist ein drittes Bremslicht mit integrierter Kamera in Frage kommt. Das sieht dann aus, als sei es bereits im Werk so montiert worden, ist aber nicht ganz billig, wenn eine Bildschirmdarstellung mit hoher Auflösung und ordentlicher Nachtsicht gewünscht wird. Auch die Funkübertragung des Bilds treibt den Preis, dafür muss kein Kabel durchs Auto verlegt werden, was nicht nur viel Arbeit ist, sondern auch das Risiko von Scheuerstellen birgt. Weniger elegant, dafür aber deutlich günstiger ist die Kamera am Nummernschild-Rahmen. Auch deren Einbauposition kann ein Vorteil sein, weil die niedriger montierte Kamera meist ein realistischeres Bild vermittelt und mögliche Hilfslinien sinnvoller nutzbar sind. Außerdem wird die Leuchtkraft möglicher LED-Einheiten im Dunklen besser ausgenutzt. Und: Die Kameralinse ist einfacher zu reinigen. Dafür steigt beim Einbau in Halbhöhenlage das Beschädigungsrisiko. Aber Ersatz ist ja nicht teuer.

Preis: ca. 100 bis 500 Euro (ohne Einbau)

Diebstahlschutz

Wohnmobile sind nicht nur in der Urlaubszeit eine gefragte Beute für Kriminelle. Die serienmäßigen Sicherungen an Türen und Fenstern halten Profis, die meist als Mitglieder straff organisierter Banden unterwegs sind, nur in den seltensten Fällen auf. Wichtig ist den Dieben, dass es schnell geht, denn jedes Hindernis kostet Zeit und erhöht das

Zäher Gegner Die meisten Diebe lassen sich auf den Kampf mit der mechanischen Schalthebelsperre gar nicht erst ein

Schlüsselposition Zu den Nachteilen der Schalthebelsperre gehört das mitunter hakelige Zusatzschloss

Alarm auf Knopfdruck Die Caratec-Alarmanlagen lassen sich auch per Handsender aktivieren – zum Beispiel aus dem Inneren des Wohnmobils

Risiko der Entdeckung. Eine Lenkradkralle kann zwar abschreckend wirken, lässt sich mit Hilfe einer Akkutrennschleifers aber im Handumdrehen knacken. Zäheren Widerstand leistet eine nachgerüstete Schalthebelsperre, die den Ducato im eingelegten Rückwärtsgang oder – bei automatischen Getrieben – in Parkposition sichert. Das System funktioniert rein mechanisch und erfordert nur die Befestigung der Sperre mit Abreißschrauben unter bzw. hinter der Mittelkonsole des Fahrzeugs. Ab einem gewissen Drehmoment reißen die Schraubenköpfe ab und erschweren weitere Diebstahlversuche. Das Freilegen des Schalthebels erfordert dann die Demontage von Verkleidungen und den brachialen Zugriff mit Trennschleifer oder Bohrer, vor allem aber macht er Lärm und dauert auch für geübte Autoknacker mindestens 20 Minuten. Zu riskant – weshalb sich die Investition von rund 1000 Euro lohnen kann.
Wer ganz sicher gehen will, greift zusätzlich noch zu einem Nachrüst-Alarmsystem, das sich via CAN-Adapter in die Fahrzeugelektronik integrieren lässt. Damit entgeht der Alarmanlage keine Regung des Fahrzeugs, auch können die originalen Fiat-Funkschlüssel problemlos weiterwendet werden. Optional bieten die Zubehör-Hersteller nützliche Erweiterungen wie Gaswarner oder eine Panikalarm-Funktion an. Die Überwachung von Türen, Fenstern, Dachluken und Aufbauklappen erfolgt über nachgerüstete Magnetkontakte, die auf den Millimeter korrekt positioniert sein müssen. Wird bei scharfem Alarmsystem ein Schaltkreis geöffnet, löst die Anlage innerhalb von Sekundenbruchteilen das Notsignal aus. Darüber hinaus gibt es bei teureren Systemen auch die Option des stillen Alarms: Via Mobilfunkverbindung schickt die Alarmanlage entweder eine Kurznachricht aufs mobile Endgerät oder löst einen Notruf auf. Und wenn das alles nicht geholfen hat, lässt sich ein gestohlenes Wohnmobil per GPS-Signal verfolgen: Anders als beim Personenwagen lassen sich die Peilsender im Aufbau eines Ducato so trickreich verstecken, dass Diebe sie nicht entdecken und die Chance des schnellen Auffindens erheblich steigt.

Preis: ca. 1000 Euro (Schalthebelsperre inkl. Einbau), ca. 400 bis 2000 Euro (Alarmanlage inkl. Einbau)

Schlauer als der Klauer Die Sirenen hochwertiger Anlagen verfügen über eine Notstromversorgung

Haken dran Wer eine Zugvorrichtung braucht, sollte sie am besten beim Neuwagen mitbestellen. Das Nachrüsten der Elektrik kann bei Wohnmobilen aufwendig sein

Anhängerkupplung

Dank seiner soliden Konstruktion eignet sich der Ducato bestens als Zugfahrzeug, obwohl er als Fronttriebler eigentlich nicht prädestiniert für hohe Anhängelasten ist. Dennoch sind bis zu 3000 Kilogramm am Haken aktueller Ducatos möglich. Die maximale Stützlast von 100 oder 125 Kilogramm reicht auch für größere E-Bike-Fahrradträger aus. Das Nachrüsten einer Anhängerkupplung ist kein kompliziertes Unterfangen: Freie Werkstätten bieten die Arbeit ab etwa 300 Euro an, aber ambitionierte Autoschrauber schaffen es oft auch selbst, zumal der Ducato bereits ab Werk für die Aufnahme der Zugvorrichtung vorbereitet ist. Der Anbausatz verfügt über passende Bohrungen und muss dann nur noch angeschraubt werden. Auch die Installation des zusätzlichen Kabelsatzes gestaltet sich unkompliziert, weil er sich leicht zwischen der Steckverbindung des originalen Kabelbaums und den Steckern der Rückleuchten einfügt. Allerdings müssen dafür die Leuchten ausgebaut werden – und deren innere Verschraubungen können beim Wohnmobil hinter

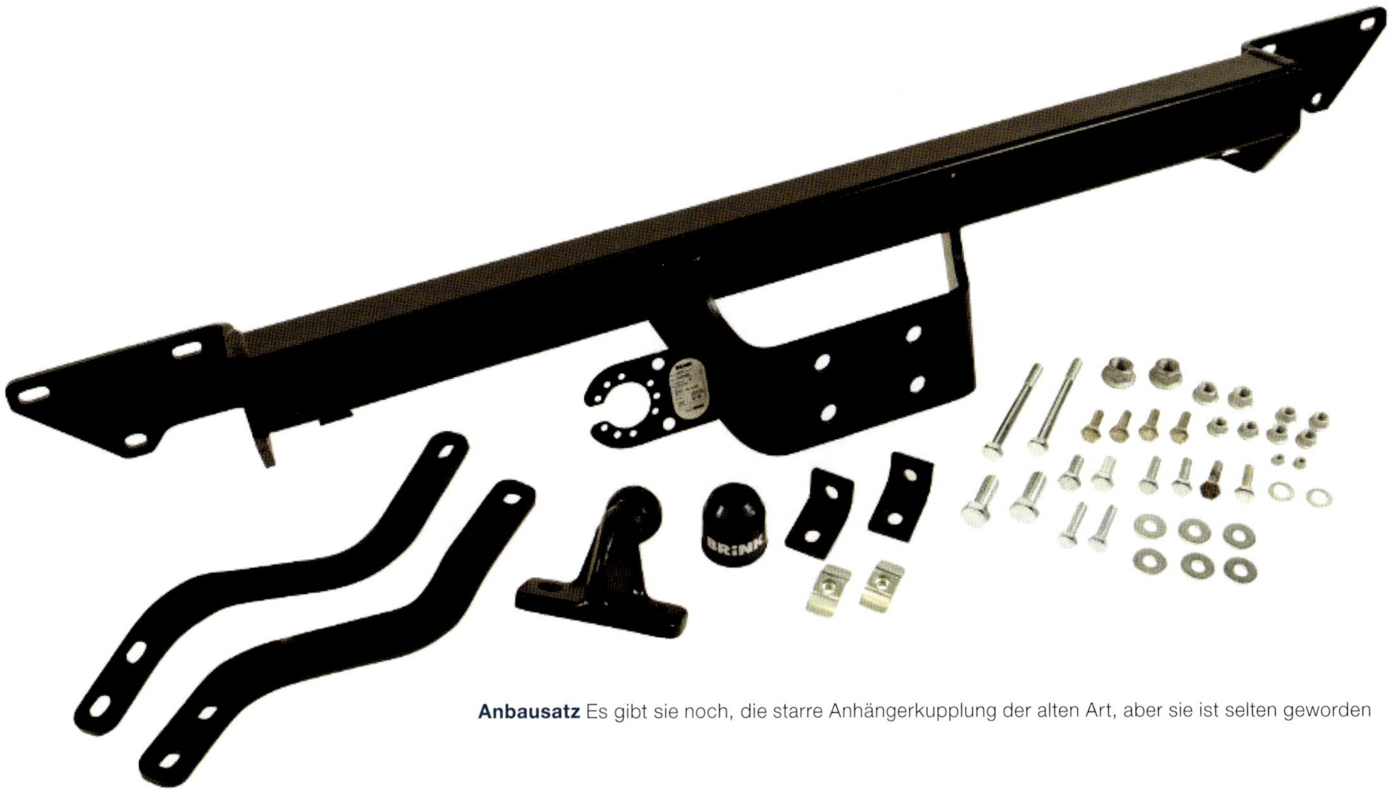

Anbausatz Es gibt sie noch, die starre Anhängerkupplung der alten Art, aber sie ist selten geworden

Leichte Übung Mittelgroße Anhänger beeindrucken den Ducato nicht, bis zu drei Tonnen Zuglast sind bei aktuellen Modellen möglich

den Einbaumöbeln verborgen sein. Wichtig ist, dass es sich um einen fahrzeugspezifischen Kabelsatz handelt und nicht um eine universelle Billiglösung, die den Schwierigkeitsgrad des Einbaus deutlich erhöht. Auch sollte neben einer Einbauanleitung ein Teilegutachten für die Anhängerkupplung beiliegen, denn nur die erspart die Einzelabnahme beim TÜV oder einer anderen Prüforganisation.
Preis: ca. 800 bis 1500 Euro (inkl. Montage)

Fahrradträger

Bei größeren Wohnmobilen bietet sich auf den ersten Blick die Heckgarage zum Fahrradtransport an: Schon bei vielen günstigen Teilintegrierten reicht sie für zwei Räder, ist dann aber auch schon gut gefüllt, zumal auch das Haltesystem noch Platz fordern kann. Und ohne sichere Fixierung sollten die Räder auch im Gepäckraum nicht mitreisen. Viele Reisemobilisten greifen deshalb zum klassischen Heckträger, obwohl dessen Höhe das Verladen der Räder zum Kraftakt machen kann. Auch erinnern

Standardlösung Ans ständige Hoch- und Runterwuchten der Räder gewöhnt man sich – oder auch nicht

sich viele Kastenwagen-Fahrer noch lange an die erste Kopfnuss, die ihnen die Schiene des Fahrradträgers beim Öffnen der hinteren Flügeltür verpasst hat. Und dass die Scharniere eines einzelnen Türflügels das gesamte Gewicht des Trägers und der Räder verkraften müssen, kann ebenfalls ein Grund zur Skepsis sein – auch wenn die Befestigung der Hecktüren beim Ducato bekanntermaßen massiv ausfällt.

Eine komfortable Lösung können absenkbare Trägersysteme sein – oder ein Kupplungsträger, der bei großen Wohnmobilen jedoch schnell an gesetzliche Grenzen stößt: Der maximale Abstand zwischen den Leuchten des Kupplungsträgers und der Außenkante des Fahrzeugs darf nicht mehr als 40 Zentimeter betragen. Eine weitere Alternative sind Lastenträger, mit denen sich auch Motorroller transportieren lassen – zumindest theoretisch. Denn in der Praxis zählt nicht die Belastbarkeit des Trägers, sondern immer das zulässige Gesamtgewicht. Und das ist

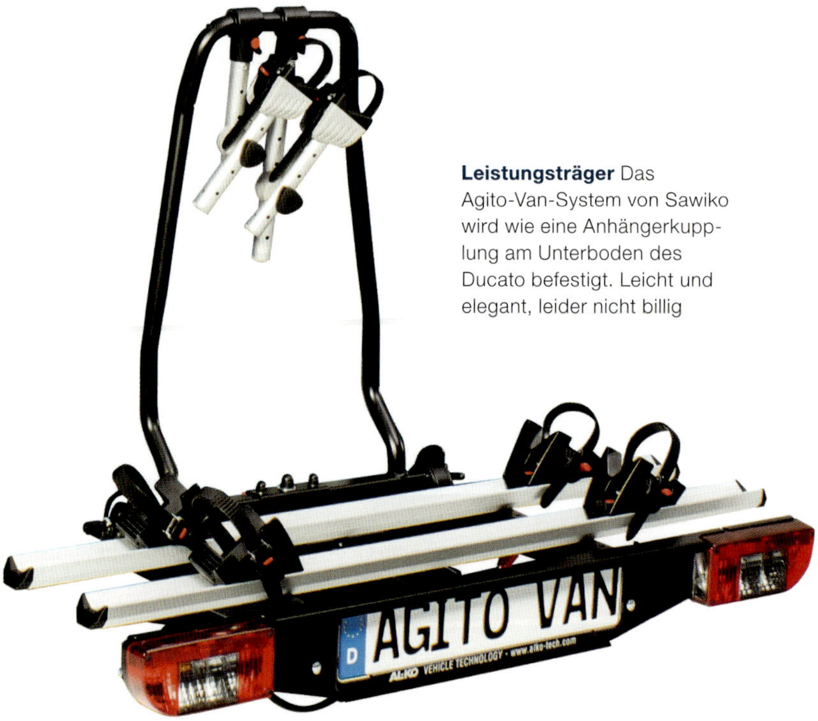

Leistungsträger Das Agito-Van-System von Sawiko wird wie eine Anhängerkupplung am Unterboden des Ducato befestigt. Leicht und elegant, leider nicht billig

Willkommen im Klapp Aufstelldächer sind teuer – aber sie machen Kastenwagen wie den Karmann Davis zum Domizil für vier Erwachsene

bei manchen Mobilen schon mit vier Reisenden und einer halbvollen Heckgarage überschritten. Zudem weckt so ein großes Trägersystem oft den Ehrgeiz von Ordnungshütern, die nicht zu Unrecht eine Überschreitung der zulässigen Gesamtmasse wittern.

Preis: ca. 400 bis 1800 Euro

Aufstelldächer

Das Platzangebot an Bord eines Ducato-Kastenwagens ist zwar sehr ordentlich, aber dennoch begrenzt. Trotzdem wollen viele Familien kein größeres Wohnmobil. Und deshalb gibt es gleich mehrere Hersteller, die nachrüstbare Aufstelldächer aus GFK mit seitlichem Stoffbalg anbieten. Wer sie montiert, muss auf Licht und Luft der serienmäßigen Dachluken verzichten, handelt sich dafür aber

Verdammt lang quer Das Kinderbett für die Ducato-Kabine eignet sich bis zu einer Körperlänge von 1,60 Meter

ein erhebliches Plus an Kopffreiheit und vor allem ein weiteres Doppelbett von ca. zwei Metern Länge und 1,30 Metern Breite ein. Das reicht für zwei Kinder, die auch als Teenager noch mitreisen können, oder ein Paar, das keine Furcht vor körperlicher Nähe hat. Doch leider ist das Zweitbett im ersten Stock auch mindestens 5500 Euro (inklusive Einbau) teuer. Wer das Aufstelldach gleich beim Neuwagen mitbestellt, ist meist etwas günstiger dabei. Pragmatischer Tipp für Kleinfamilien: Bis zu einer Körpergröße von 1,60 Metern und 50 Kilogramm Gewicht kommt ein Einzelschläfer erstaunlich komfortabel im Kabinenbett unter, einer Matratzenkonstruktion, deren Unterbau sich in die Fugen zwischen den vorderen Sitzflächen und -lehnen stecken lässt. Das kostet nur etwa 300 Euro und die Montage dauert auch nicht länger als das Öffnen und Schließen eines Aufstelldachs.

Preis: ca. 5000 bis 6000 Euro

Aufsteiger Bei sommerlichen Temperaturen kann das Bett im ersten Stock der beste Platz im Wohnmobil sein

Chiptuning

„Sofort spürbare Mehrleistung. Kraftvolle Beschleunigung. Souveränerer Durchzug. Kraftstoff sparen. Erlebe Dein Auto völlig neu." Klingt gut, auch wenn der Ducato in serienmäßigem Zustand weder ein Phlegmatiker ist noch zu den Großverbrauchern zählt. Und tatsächlich ist Chiptuning nicht einmal

Darf's etwas mehr sein? Chiptuning weckt den Tiger im Transporter, kann aber zu epischen Problemen führen

teuer: Der Ducato Multijet 130 bringt nach dem elektronischen Eingriff für 450 Euro bis zu 24 PS mehr Leistung und 95 Extra-Newtonmeter Drehmoment auf die Straße. Auf Langstrecken und im Gebirge kann das vergnüglich sein, doch ohne Risiko ist das Chiptuning nicht, da Motorlager, Turbolader, Getriebe, Kupplung und Antriebswellen höher belastet werden als im Originalzustand. Vor allem Besitzer von Fahrzeugen mit hoher Laufleistung sollten von der Leistungssteigerung absehen. Für alle gilt, dass sie den Eingriff durch eine Prüforganisation abnehmen und eintragen lassen müssen, da sonst mit dem Verlust der ABE auch der Versicherungsschutz endet. *Preis: ab ca. 400 Euro (ohne Eintragung)*

Individuelle Ausbauten

Wohn' doch, wie Du willst

Individualisten bauen ihren Ducato selbst aus

Nichts ist so hip wie der Trend von gestern, wenn ihn eine andere Generation für sich neu entdeckt. Ein gutes Beispiel sind zum Camper ausgebaute Transporter: Was früher Selbstausbauer waren, die sich mit ihren bunten, manchmal anarchisch-wilden Fahrzeugträumen bereits auf eigenen Treffen austauschten, feiert in der aktuellen Vanlife-Bewegung seine Neuerfindung. Sie versorgt den alten Traum vom selbstgebauten Camper mit frischer Energie. Statt nur schütter dokumentierten Basteleien alternativer Lebenskünstler inspirieren heute Influencer mit ihren unzähligen hippen Instagram-Kanälen. Sie informieren den Nachwuchs über jeden Gedankensprung. Unter Stichworten wie #vanlife findet sich leicht ein Zugang zu dieser flirrenden Welt begeisterter Schrauber und manischer Selbstvermarkter.

Was dabei stets zählt, ist der Anspruch an die eigene Individualität: Ich bin unterwegs mit einem Auto, das ich mir selbst gebaut habe. Und das zu einem Preis, so zumindest die Hoffnung vorab, der das Budget schont. Damit treten die Selbermacher von heute durchaus in die Fußstapfen der Pioniere, auch wenn die Praxis oft anderes zeigt: Gar nicht selten zahlt der Ausbau-Laie eine Menge Lehrgeld, weil vieles nicht auf Anhieb klappt. Deshalb ist der ein oder andere Abend, den Reisemobil-Novizen vorab mit YouTube-Tutorials verbringen, oft gut investierte Zeit.

Wer statt medialer Vielfalt der sozialen Medien bevorzugt auf handfeste Fakten und konkrete Informationen baut, greift direkt zum Merkblatt 740 des

Handwerkerparadies So wird ein einfacher Van zur Lounge für unterwegs

TÜV-Verbandes (rund 40 Euro; shop.tuev-verband.de). Es trägt den pragmatischen Titel „Anforderungen an Sonstiges Kraftfahrzeug – Wohnmobil" und gerät zur etwas trockenen, jedoch wertvollen Lektüre, weil es wichtiges Wissen und gesetzliche Anforderungen vermittelt. Schließlich können Fehler bei der Umnutzung eines Transporters zum Wohnmobil beim nächsten Hauptuntersuchungstermin schnell zu Kopfschütteln beim Prüfer führen. Noch kritischer (und gefährlicher) wird mangelndes Know-how bei sicherheitsrelevanten Themen wie einer Gasinstallation.

Auch private Initiativen, bei denen Interessenten Hilfe und Inspiration finden können, haben sich

Baumarktlösung Hornbach bietet vorgefertigte Möbel an, die man selbst zusammenbaut. Die Module passen perfekt in den Ducato

Rohkost Leichtes Holz, unbehandelt: Die Möbelserie von Hornbach lässt sich durch eigene Anstriche individualisieren

ist das exakte Gewicht bekannt, was die Planung vereinfacht, auch finanziell übrigens. Wer mag, kann seine Möbel auch mit einem Rückgrat aus Aluprofilen anfertigen: Der Anbieter Alusteck hat sich eine Vielzahl von Modulen ausgedacht, die nach dem Bau entweder technisch wirken können oder auch urig – je nachdem, wie man das Raster der variablen Profile füllt.

Interessante Lösungen gibt es auch für alle, die ihren Ducato nicht dauerhaft als Campingfahrzeug ausbauen können, weil er unter der Woche als Lastesel im Einsatz ist und nur am Wochenende für die Reise zu Festivals oder zu einer Angeltour als Wohnraum dienen soll. Die Antwort geben Module, die auf originale Anschraubpunkte der Sitzbänke und auf vorhandene Zurrösen zugreifen. Vom Bettkasten bis zum perfekt durchdachten, komplett vorkonfektionierten Küchenblock bieten mehrere Hersteller eine vielseitige Auswahl. Den Vogel schießt in diesem Segment ein kleines Unternehmen ab, das eine komplette Plug & Play-Lösung anbietet: Plugvan liefert eine fertige Camperkabine, die einfach von hinten durch die Ladetür in den Van eingeschoben und dann verzurrt wird. Nach rechts und links lassen sich anschließend Slider über die Radkästen schieben, um so die gesamte Fahrzeugbreite zum Wohnen zu nutzen. Wer ein Hochdach hat, kann über die volle Länge die Decke der Kabine nach oben ausfahren und so bequem stehen. Der Ein- und Ausbau

Ready Made Das Modul von Plugvan lässt sich von hinten einschieben und verzurren. Der Ducato ist so abwechselnd Van und Camper

ist in Minuten erledigt und vielleicht die smarteste Lösung, wenn ein vorhandener Ducato ganz fix zum Camper werden soll – und wieder zum Transporter. Die günstigste ist sie sicher nicht.

Es gibt unzählige Wege und Möglichkeiten, um einen Ducato-Kastenwagen auf Dauer oder temporär zum Reisemobil umzubauen. Vom studentischen Sparmobil für den Surf-Trip an den Strand nach Portugal bis hin zum technisch avanciert ausgestatteten Businessmobil reichen die Spielarten. Von der Stange gibt es sie meist nicht. Doch ohne viel Arbeit und großes Engagement lässt sich ein derart individuelles Ziel kaum erreichen.

In seinem eigenen Wohnmobil auf Reisen zu gehen, im Auto also, das man selbst konzipiert und gebaut hat, garantiert vor allem eins: intensive Emotionen. Alles ist auf die eigenen Bedürfnisse maßgeschneidert, jeder Stauraum passend genutzt, Leuchten und Steckdosen sitzen genau dort, wo man sie benötigt. Es ist eine ganz eigene, sehr persönliche Romantik, die immer mitfährt und die ein Auto aus dem Katalog niemals bieten kann. Dazu darf der leise Stolz kommen, etwas Eigenes, Einzigartiges erschaffen zu haben. Interesse und Anerkennung unterwegs folgen automatisch: Individuelle Reisemobile sind stets ein Thema unter Nachbarn auf jedem Stell- und Campingplatz.

Business Caravaning mit dem Ducato: Die neue Work-Camp-Balance

B

Die neue Work-Camp-Balance

Arbeiten, wo andere Urlaub machen

Auszeit, Ausbruch, Abenteuer. Das alles sind Facetten des Caravanings – aber Arbeit? Ein Blick weit zurück in die Geschichte der fahrenden Häuser zeigt, dass schon in den 1930er-Jahren Handelsvertreter in Texten und Bildern auftauchen, die entweder ihre Familie auf Reisen mitnehmen oder nicht mehr ständig in Gasthäusern fragen wollten – mitunter vergeblich, weil pikanterweise selbige die Freundin wegen der strengen Sittengesetze nicht hineinlassen dürfen. Pioniere wie Dethleffs oder Würdig fangen aus Gründen wie diesen in den 1930er-Jahren an, erste Wohnwagen zu entwerfen. Frühe „Wohnautos" rollen damals bereits auf Basis des Ford T durch die USA und dienen Wanderarbeitern als Heimstatt für die ganze Familie.

Heute sind die Einsatzmöglichkeiten deutlich vielfältiger. Wer seinen Ducato beispielsweise für Messebesuche nutzt, hat keine Probleme mehr mit den zu diesen Phasen stets exorbitant teuren und oft ausgebuchten Hotelzimmern. Zudem plagen ihn morgens keine langen Anfahrten mit Staus, die sich kaum kalkulieren lassen. Viele Messegesellschaften und Städte haben längst reagiert und weisen zunehmend Stellplätze für Wohnmobile aus. Und wenn nicht: Auf einem Parkplatz, der Camper nicht explizit wegen ihrer Bauart oder ihres Gewichts ausschließt, darf auch im Auto geschlafen werden. Ziel ist dabei, durch Erholung seine Fahrtüchtigkeit wiederzuerlangen. Mit einem Wohnmobil, das nicht zu lang ausfällt – als Richtwert gelten sechs Meter Länge – gelingt die Suche nach einer städtischen Parklücke oft noch recht entspannt, insbesondere bei Anreisen abends oder in der Nacht.

Freiheit Auf Geschäftsreisen unabhängig bleiben – eine Wurzel des Campings

Wer als Berater oder im Techniker im Außendienst viele Kundenbesuche absolviert, kann direkt zum Ziel reisen und dort übernachten. Der Vorteil ist der gleiche wie bei den Messen: maximale Flexibilität und zeitliche Effizienz, da weites Pendeln im Berufsverkehr entfällt. Frisch und ausgeruht geht es zum Termin. Statt Ärger über zu früh schließende Rezeptionen und hellhörige Zimmer warten so am Abend stets die eigenen vier Wände, der nach persönlichen Vorlieben gefüllte Kühlschrank, ein privates Bad und die eigene Matratze. Alles Wohlfühlfaktoren, die viel zählen, wenn der Beruf mit ständigem Reisen verbunden ist.

Kompakt unterwegs Hymers Free-Baureihe mit Aufstelldach folgt nicht der typischen Camping-Optik

Parkplatz-Camper Der Hymer Free braucht nicht viel Platz und fällt in der Stadt nicht auf – wenn das Dach geschlossen bleibt

Eine völlig andere Zielgruppe mit eigenen Vorstellungen stellen dagegen die Digitalnomaden dar. Sie nutzen das Konzept des rollenden Zuhauses und Büros als mobile Heimat. Damit folgen sie der #vanlife- und Tiny-House-Bewegung: Home is where you park it! Weil unsere vernetzte Welt zunehmend ein Arbeiten ermöglicht, das nicht mehr vom Ort abhängig ist, wächst diese Gruppe unaufhörlich. Die Covid-19-Pandemie hat zudem bewiesen, dass in überraschend vielen Branchen Homeoffice tatsächlich gut funktioniert. Warum als Programmierer oder Grafiker also nicht den Laptop ins Wohnmobil packen und losfahren, statt Tag für Tag im Büro oder der eigenen Küche zu sitzen? Das Konzept kann zumindest dann funktionieren, wenn das familiäre Umfeld zu dieser extremen Arbeitsform passt. Work-Camp-Balance mag für Singles oder ein Paar gut passen, doch schulpflichtige Kinder oder Verwandte, um die man sich kümmern will oder muss, bringen das Konzept schnell an seine Grenze. Wer dagegen im Zuge eines Sabbaticals die Welt erleben und gleichzeitig dennoch Geld verdienen möchte, dem eröffnet ein passendes Wohnmobil völlig neue Möglichkeiten. Selbst für einen Gesellen auf der Walz kann ein minimalistischer Van mehr Flexibilität und Möglichkeiten bieten – ein

Schaltzentrale auf Rädern Der Knaus Sun I ist das Größte, was aus einem Ducato werden kann

Voller Komfort Die luxuriös gepolsterte Ecksitzgruppe ist bequem und lässt sich bestens zu einer Besprechung nutzen

Abendvergnügen Nach der Arbeit folgt ein schönes Ziel. Warum nicht den nächsten Arbeitstag an einem See verbringen?

Innen Ducato Auch wenn das Cockpit vertraut ist, unterscheidet sich das Fahrgefühl eines Dreiachsers deutlich von der Kastenwagenklasse

alter Brauch, zeitgemäß mit einer modernen Komponente ins Heute transformiert.

Für die Ansprüche eines Business Campers eignet sich der Fiat Ducato optimal. Die Gründe liegen in seiner Architektur und den technischen Konfigurationen: Mit seinem mittleren Hochdach H2 bietet er 1,93 Meter Stehhöhe, wirkt jedoch mit 2,52 Metern Gesamthöhe im Verkehr noch einigermaßen dezent. Vor allem lässt seine Breite Grundrisse mit Querbetten zu, zumindest bis zu einer Körpergröße von rund 1,90 Metern. Das wiederum erlaubt kurze Fahrzeuglängen ab 5,40 Meter. Diese kompakten Mobile punkten klar im urbanen Umfeld, weil für ihre Abmessungen meist Pkw-Parkplätze ausreichen. Trotzdem besitzen professionelle Duacto-Ausbauten stets ein Bad, schließlich ist genügend Raum an Bord. Ein knackiges Beispiel für ein kurzes Reisemobil der Kastenwagenklasse bietet der Hymer Free mit 5,41 Metern Aufbaulänge. Auf Wunsch erhält er ein Aufstelldach, was vier Schlafplätze an Bord bedeutet. Am oberen Ende der Ducato-Skala rangiert dagegen der dreiachsige Knaus Sun I 900 LX mit seinem Heavy Duty-Chassis und Motorisierungen von 140 oder 180 PS. Dieser Business-Kandidat bietet eine Lounge

Perfektes Office Der Carthago liner-for-two I 53 schafft auf einer Länge von 7,83 Metern Luxus

mit einem großen, variablen Tisch. Als Büro mit üppiger Clubsessel-Atmosphäre wirkt sein Ambiente edel – das ist eindeutig mehr als Camping. Mit 8,82 Metern Aufbaulänge erfordert diese Lösung jedoch erheblich mehr Geduld bei der Parkplatzsuche, selbst der simple Einkauf in einem Supermarkt erfordert mehr Umsicht.

Ähnliches gilt auch für den Carthago liner-for-two new generation: Mit seiner großzügigen Lounge-Rundsitzgruppe im Heck samt elektrisch ausfahrbarer Fernsehliege setzt er luxuriöse Maßstäbe. Sein 40 Zoll großer LED-Flachbildschirm, der im Ruhezustand unsichtbar hinter dem Mobiliar verschwindet, bietet zudem eine ideale Möglichkeit für gelungene Präsentationen. Davor ist eine elegant geschwungene Küche platziert. Sie stellt nicht nur die Versorgung mit Kaffee und Snacks sicher, auch zu einem kleinen Empfang lassen sich zwei oder drei Gäste problemlos an Bord einladen. Sogar ein eigenes Büro-Paket für das vordere Zimmer liefert Carthago auf Wunsch. Damit kann hier völlig unabhängig und abgetrennt von der Sitzgruppe im Heck ein Arbeitsplatz entstehen. Das große Bad mit eigener Dusche sichert maximalen Komfort, unterstützt von den Vorteilen der ausgreiften Alde-Warmwasserheizung. Mit wahlweise 7,83 oder 8,53 Metern offeriert der Carthago liner-for-two new generation eine auch von außen sehr eindrucksvolle mobile Geschäftsadresse.

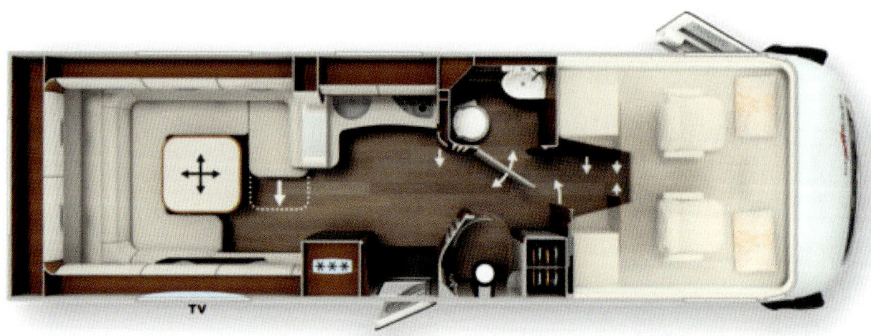

Vor allen Dingen Platz Der Carthago bietet zwei Zimmer mit einer Lounge im Heck

Mobiles Arbeiten Im Carthago lässt sich der vordere Teil ideal als Büro nutzen

Voll vernetzt Der Arbeitsplatz hat jede geforderte Konnektivität. Carthago bietet eigens ein Businesspaket an

Unterm Strich erfordern sowohl der Knaus wie der Carthago zunächst erhebliche Investitionen. Der Kaufpreis rückt der Schwelle von 200.000 Euro recht nahe, sie lässt sich sogar überschreiten. Eventuell ist Leasing als Option interessant, zudem gelten bei entsprechender beruflicher Nutzung diese Ausgaben als betriebsbedingt und mindern somit das zu versteuernde Einkommen.

Zwischen der charmanten, schlichten und spontanen Ästhetik der Digitalnomanden im #vanlife-Modus und einem eher konservativ, klassisch geprägten Luxus im Kontext des etablierten Business-Lifestyles liegen Welten, sowohl preislich wie im Komfort oder bei den Abmessungen. Was sie jedoch alle eint, ist das Fahrzeug, das ihnen als treue Basis dient: der Fiat Ducato.

Technische Daten

Ducato, 1. Generation (1981–2006)

Im Herbst 1981 kommt ein neues Fiat-Nutzfahrzeug mit dem Verkaufsnamen Ducato auf den Markt. Intern heißt die Entwicklung X2/12. Das X steht bei Fiat für Projekt, die 2 deutet auf die Nutzfahrzeugsparte hin, 12 ist die laufende Nummer. Der Ducato entsteht in Kooperation mit der französischen Groupe PSA (Peugeot Société Anonyme) und erscheint auch unter den Markenbezeichnungen Peugeot J5, Citroën C25, Talbot Express – und nur in Italien zwischen 1985 und 1988 als Alfa Romeo AR6. Als serienreifes Modell erhält das Modell die interne Bezeichnung Typ 280. Ein kleines Facelift erfolgt 1983. Mit Einführung des kurzen Talento 1988 werden alle Modelle überarbeitet und in die Typen 280 und 290 gegliedert. Ab 1990 – nach einem umfassenden Facelift – gibt es nur noch den Typ 290. Mit dem Facelift wächst der Typ 290 um sechs Millimeter in der Länge und 25 Millimeter in der Breite. Neben den Fronttrieblern gibt es ab 1988 auch eine Allrad-Variante mit Steyr-Puch-Technik. Fast alle Ducatos werden im Werk SEVEL Süd gefertigt, nur Sonderbauten und Talento rollen ab 1988 im Werk Pomigliano/SEVEL Campania von den Bändern.

2332 Mitarbeiter arbeiten 1981 in Sevel

Der **500.000.** Ducato verlässt der Werk SEVEL am 1. Oktober 1991

1988 erscheint der Talento

10,1% Marktanteil der Fiat-Nutzfahrzeuge auf dem deutschen Markt im Jahr 1993

Fiat Ducato, Typ 280 und 290

Baujahr	Prod. insges.	davon Fiat	Anmerkungen
1981	15.766	7.846	
1982	57.046	27.918	erstes volles Produktionsjahr
1983	71.833	35.914	
1984	63.367	31.262	erstes Facelift
1985	75.994	39.198	
1986	90.209	46.693	
1987	104.190	57.183	
1988	117.409	58.723	neue Modelle: 4x4, Talento
1989	118.847	56.693	
1990	111.173	55.689	zweites Facelift
1991	111.851	58.232	
1992	88.422	41.371	
1993	54.137	2.6087	
1994	4.892	2.889	Modellwechsel; rechnerisch ermittelter Wert
Summe	**1.085.136**	**545.698**	

In der Summe nicht berücksichtigt von 1988 bis 1994: zusätzliche Fertigung im Werk Pomigliano/SEVEL Campania, insgesamt 136.896 Stück, z. B. Talento

Technische Daten

Motoren

Verkaufsbezeichnung	**1800**	**1800**	**2000**	**2000**	**2000 Kat.**
Typenbezeichnung	XM 7 T	169 B	XM 1 T	170 B	170 D
Einsatzzeitraum	1981–1986	1986–1988	1981–1986	1986–1990	1990–1994
Kraftstoffsorte	Benzin	Benzin	Benzin	Benzin	Benzin
Gemischbildung	Vergaser	Vergaser	Vergaser	Vergaser	Einspritzung
Aufladung	keine	keine	keine	keine	keine
Zylinder	4, Reihe	4, Reihe	4, Reihe	4, Reihe	4, Reihe
Hubraum, cm³	1796	1796	1971	1971	1971
Bohrung/Hub, mm	84/81	84/81	88/81	88/81	88/81
Nockenwelle	ohc	ohc	ohc	ohc	ohc
Ventile pro Zylinder	2	2	2	2	2
Leistung, kW (PS)/min	51 (69)/4800	49 (67)/5000	57 (78)/5000	57 (78)/5000	62 (84)/4750
Drehmoment, Nm/min	136/2300	128/2500	147/2400	152/2500	160/2500

Karosseriedimensionen (Kasten, geschlossen)

Version	Kasten	Hochraum	Kasten	Hochraum	Großraum
Verkaufsbezeichnung	10	11	13	13	13
L/B/H, mm	4759/1970/2100	4759/1970/2420	4759/1970/2100	4759/1970/2420	5489/1970/2420
Radstand, mm	2923	2923	2923	2923	3653
Ladevolumen, m³	6,5	7,7	6,5	7,7	9,8
Leergewicht, kg	1525–1575	1580	1580	1635	1665
Zuladung, kg	975–1025	1220	1220	1165	1135
zul. Achslast v/h, kg	1460/1460	1550/1680	1550/1680	1550/1680	1550/1680
	bzw. 1340/1340				
zul. Gesamtgewicht, kg	2550	2800	2800	2800	2800

1929 D	**1929 TD**	**2445 TD**	**2500 D**	**2500 D**	**2500 TD**
149 B 1000	280 A 1000	8144.21	8144.61	8144.67	8140.27
1986–1994	1988–1994	1986–1990	1981–1986	1986–1994	1990–1994
Diesel	Diesel	Diesel	Diesel	Diesel	Diesel
Einspritzung (Wirbelkammer)	Einspritzung (Wirbelkammer)	Direkteinspritzung	Einspritzung (Wirbelkammer)	Einspritzung (Wirbelkammer)	Direkt einspritzung
keine	Turbolader	Turbolader	keine	keine	Turbolader
4, Reihe	4, Reihe	4, Reihe	4, Reihe	4/Reihe	4/Reihe
1929	1929	2445	2445	2500	2500
82,6/90	82,6/90	93/90	93/90	93/92	93/92
ohc	ohc	ohc	ohc	ohc	ohc
2	2	2	2	2	2
51 (69)/4600	60 (82)/4200	68 (92)/3800	53 (72)/4200	55 (75)/4200	70 (95)/3800
120/2500	181/2500	216/2200	148/2400	162/2200	216/2000
Kasten	Hochraum	Großraum	Großraum	Kurz	
14	14	14	Maxi	Talento	
4765/1995/2100	4765/1995/2450	5495/1995/2450	5495/2000/2467	4157/1995/2100	
2923	2923	3653	3653	2315	
6,5	7,7	9,8	9,8	5	
1570	1605	1645	1800	1550	
1230	1195	1155	1700	800	
1550/1700	1550/1700	1550/1700	1700/1950	1300/1340	
2800	2800	2800	3500	2350	

Ducato, 2. Generation (1994–2006)

Schon 1988 laufen die Planungen an für die zweite Generation des Ducato. Unter dem Projektnamen X2/30 (X für Projekt, 2 für Nutzfahrzeug, 30 als laufende Nummer) werden die Eckpunkte des Nachfolgers festgezurrt. Als Grundzüge des Ducato bleiben der Frontantrieb, ein möglichst flacher Rahmen und die hintere Starrachse an Blattfedern für maximalen Laderaum und Stabilität unangetastet, jedoch wächst das Fahrzeugvolumen spürbar. Zudem fällt der Innenraum wohnlicher gestaltet und dank verbessertem Pedalabstand, Gurthöhenverstellung, größerem Lenkrad, verbesserter Anordnung wichtiger Bedienelemente deutlich ergonomischer aus. Das Styling verantworten Giugiaro und das Centro Stile Fiat. Die im Frontbereich nun rundlich geformte Karosserie überzeugt mit einem c_w-Wert von 0,35 und ist gleichzeitig 25 Prozent verwindungssteifer als die des Vorgängers. Im März 1994 läuft die Produktion im Werk Sevel an. Wieder ist der Ducato eine Kooperation mit dem PSA-Konzern und wird nicht nur als Fiat Ducato angeboten, sondern auch als Citroën Jumper und Peugeot Boxer. Die von den Partnern verwendete interne Typenbezeichung lautet Typ 230 und 244. Die Allradversion, gefertigt von Dangel im französischen Elsass, ist ab 1996 erhältlich. Das wichtigste Facelift erfolgt 2002. Optional ist nun neben einem Fünfgang-Schaltgetriebe auch ein Automatikgetriebe lieferbar – allerdings nur im 2.8 JTD.

4159 Mitarbeiter arbeiten 1994 in Sevel

2002 folgt ein großes Restyling

2120 Millionen Euro Umsatz meldet SEVEL für das Jahr 2005

25% steifer fällt die Karosserie im Vergleich zum Vorgängermodell aus

Fiat Ducato, Typ 230 und 244

Baujahr	Prod. insges.	davon Fiat	Anmerkungen
1994	94.331	46.491	Modellwechsel; rechnerisch ermittelter Wert
1995	138.820	73.149	erstes volles Produktionsjahr
1996	129.259	68.881	
1997	145.848	80.485	
1998	170.264	98.000	
1999	174.641	102.680	
2000	188.537	106.506	
2001	187.609	103.291	
2002	179.319	99.025	Facelift
2003	183.195	102.164	
2004	195.551	106.262	
2005	199.654	109.775	
2006	64.296	34.852	Modellwechsel; rechnerisch ermittelter Wert
Summe	**2.051.324**	**1.131.561**	

Motoren

Verkaufsbezeichnung	2.0 i.e. Kat	2.0 i.e. Kat	Bipower (Erdgas)	1.9 D	1.9 D	1.9 TD	1.9 TD EC
Typenbezeichnung	RFW	RFL	RFL	230 A 2000	DJY	DHX	230 A 40
Einsatzzeitraum	1994–2002	2002–2006	2002–2006	1994–2002	1998–2002	1998–2002	1994–20
Kraftstoffsorte	Benzin	Benzin	Benzin/Erdgas	Diesel	Diesel	Diesel	Die
Gemischbildung	Saugrohr-einspritzung	Saugrohr-einspritzung	Saugrohr-einspritzung	Einspritzung (Wirbelk.)	Einspritz. (Wirbelk.)	Einspritz. (Wirbelk.)	Einspri (Wirbel
Aufladung	keine	keine	keine	keine	keine	Turbolader mit LLK	Turbolad
Zylinder	4, Reihe	4, Reihe	4, Reihe	4, Reihe	4, Reihe	4, Reihe	4, Rei
Hubraum, cm³	1998	1998	1998	1929	1905	1905	19
Bohrung/Hub, mm	86/86	86/86	86/86	82,6/90	83/88	83/88	82,6/
Nockenwelle	ohc	ohc	ohc	ohc	ohc	ohc	o
Ventile pro Zylinder	2	2	2	2	2	2	
Leistung, kW (PS)/min	80 (109)/5500	81 (110)/5700	81 (110)/5700	51 (69)/4600	50 (68)/4600	66 (90)/4000	59 (80)/55
			Gas: 71 (97)/5700	71 (97)/5700			
Drehmoment, Nm/min	168/3400	180/3700	168/3700	120/2500	120/2000	196/2250	175/25
			Gas: 146/3700	146/3700			

Karosseriedimensionen (Kasten, geschlossen)

Version	Kasten	Kasten	Kasten lang	Hochraum	Hochraum lang	Kasten	Kasten la
Verkaufsbezeichnung	10	11	11	11	11	14	
L/B/H, mm	4655/1998/2150	4749/2024/2150	5099/2024/2150	4749/2024/2470	5099/2024/2470	4655/1998/2150	5005/1998/21
Radstand, mm	2850	2850	3200	2850	3200	2850	32
Ladevolumen, m³	7,5	7,5	10	9	10	7,5	
Leergewicht, kg	1710						
Zuladung, kg	1090	1150	1100	1115	1100	1015 (1465)	985 (143
zul. Achslast v/h, kg	1460/1460	1600/1600	1600/1600	1600/1600	1600/1600	1650/1750	1650/17
zul. Gesamtgewicht, kg	2800	2900	2900	2900	2900	2800 (3250)	2800 (325

2.0 JTD	2.3 JTD	2.5 D	2.5 TDI	2.5 TDI Kat	2.8 D	2.8 i.d. TD	2.8 JTD
RHV	(R)F1AE0481C	8140.67	8140.47	8140.47 R	8140.63	8140.43 R	8140.43 S
2001–2006	2002–2006	1994–1998	1994–1998	1994–1998	1998–2002	1988–2000	2000–2006
Diesel	Diesel	Diesel	Diesel	Diesel	Diesel	Diesel	Diesel
Einspritz.	Einspritz.	Einspritz.	Direkt-	Einspritz.	Einspritz.	Direkt-	Einspritz.
(Common-Rail)	(Common-Rail)	(Wirbelk.)	einspritzung	(Wirbelk.)		einspritzung	(Common-Rail)
Turbolader	Turbolader	keine	Turbolader	Turbolader	Turbolader	Turbolader	Turbolader
			mit LLK	mit LLK	mit LLK	mit LLK	mit LLK
4, Reihe	4, Reihe	4, Reihe	4, Reihe	4, Reihe	4, Reihe	4, Reihe	4, Reihe
1997	2286	2500	2500	2500	2800	2800	2800
85/86	88/94	93/92	93/92	93/92	94,4/100	94,4/100	94,4/100
ohc	dohc	ohc	ohc	ohc	ohc	ohc	ohc
2	4	2	2	2	2	2	2
62 (84)/4000	81 (110)/3600	62 (84)/4200	85 (115)/3800	80 (109)/3800	64 (87)/3800	90 (122)/3600	94 (128)/3600
192/1900	300/1800	164/2400	245/2000	256/2200	180/2000	285/1800	300/1800

Hochraum	Großraum	Kasten	Kasten lang	Hochraum	Hochraum lang	Superhochraum	Großraum
14	14	15	15	15	15	15	15
5005/1998/2465	5505/1998/2465	4749/2024/2150	5099/2024/2150	4749/2024/2470	5099/2024/2470	5099/2024/2725	5599/2024/2470
3200	3700	2850	3200	2850	3200	3200	3700
10	12	7,5	9	9	10	11,5	12
1865	1925	1750	1790	1785	1870	1905	1940
935 (1385)	875 (1325)	1550	1510	1515	1430	1395	1360
1650/1750	1650/1750	1750/1850	1750/1850	1750/1850	1750/1850	1750/1850	1750/1850
2800 (3250)	2800 (3250)	3300	3300	3300	3300	3300	3300

Ducato, 3. Generation (seit 2006)

25 Jahre nach dem ersten Fiat Ducato kommt 2006 die dritte Generation auf den Markt. Das Projekt X2/50 wird zum Typ 250, der wiederum gemeinsam mit PSA im Werk SEVEL gebaut wird. Die Verkaufsbezeichnungen lauten neben Fiat Ducato Citroën Jumper und Peugeot Boxer. Die Allrad-Varianten fertigt der Spezialist Dangel. In Mexiko wird der Typ 250 für den südamerikanischen Markt als Peugeot Manager produziert. Die Ehe von Fiat und Chrysler bereichert ab 2013 das Angebot für Nordamerika um die Variante Ram ProMaster mit V6-Benzinmotor (206 kW/280 PS) oder Vierzylinder-Diesel (128 kW/174 PS). Bei seiner Vorstellung ist die dritte Ducato-Generation auf etwa zwölf Jahre Produktionszeit ausgelegt, doch durch fortgesetzte Modellpflege bleibt der Typ 250 ein aktueller Transporter, der mit Assistenzsystemen und ergonomischem Innenraum auch heute noch hohe Nachfrage erfährt. Das Design ist innen wie außen ein Werk des Fiat Centro Stile. Die Unterteilung in drei Radstände, vier Längen und drei Höhen beim Kastenwagen garantiert hohe Flexibilität, die 2020 erfolgte Konzentration auf ein Aggregat in verschiedenen Leistungsstufen plus einen Benzin/Erdgas-Motor vereinfacht Reparaturen und minimiert Standzeiten. Somit bleibt der Ducato der dritten Generation eine feste Größe im neuen 2021 entstandenen Unternehmensverbund Stellantis.

5 **Millionen Transporter: Produktionsjubiläum im März 2015**

2020 **Restyling mit neuen Motoren**

Platz 1: **Zulassungsstatistik 2021 für den Ducato bei Privatpersonen in Deutschland (29.976)**

2,2 **Tonnen: Maximale Zuladung**

Fiat Ducato III, Typ 250

Die Fiat-Konzernzentrale kommuniziert keine Produktionszahlen mehr. Zugänglich sind lediglich die Produktionsmeilensteine des Werks SEVEL – das beinhaltet Fiat Ducato sowie Citroën Jumper und Peugeot Boxer:

4. Million: September 2010
5. Million: März 2015
6. Million: Oktober 2018
7. Million: September 2022

Technische Daten Ducato

Motoren

Verkaufsbezeichnung	**100 Multijet**	**110 Multijet**	**115 Multijet**	**120 Multijet**	**120 Multijet 3**	**130 Multijet**
Typenbezeichnung	4HV	F1AE3481G	250A1000	F1AE0481D	F1AGL4114	F1AE0481N
Einsatzzeitraum	2006–2011	2011–2016	2011–2020	2006–2011	seit 2020	2006–2020
Kraftstoffsorte	Diesel	Diesel	Diesel	Diesel	Diesel	Diesel
Gemischbildung	Einspritzung (Common-Rail)	Einspritzung (Common-Rail)	Einspritzung (Common-Rail)	Einspritzung (Common-Rail)	Einspritzung (Common-Rail)	Einspritzung (Common-Rail)
Aufladung	Turbolader mit LLK	Turbolader mit LLK	Turbolader mit LLK	Turbolader mit LLK	Turbolader mit LLK	Turbolader mit LLK
Zylinder	4, Reihe	4, Reihe	4, Reihe	4, Reihe	4, Reihe	4, Reihe
Hubraum, cm^3	2198	2287	1956	2287	2184	2287
Bohrung/Hub, mm	86/94,6	88/94	83/90,4	88/94	83,8/99	88/94
Nockenwelle	dohc	dohc	dohc	dohc	dohc	dohc
Ventile pro Zylinder	16	16	16	16	16	16
Leistung, kW (PS)/min	74 (101)/2900	83 (113)/3600	85 (115)/3750	88 (120)/3500	88 (120)/3500	96 (131)/3600
Drehmoment, Nm/min	250/1500	300/1800	280/1500 (2016: 290/1750)	320/2000	320/1400	320/2000 (2016: 320/1800)

Karosseriedimensionen Auswahl (Kasten, geschlossen)

Version	L1 Flachdach	L1 Flachdach	L1 Hochdach	L1 Flachdach	L1 Hochdach	L1 Flachdach
Verkaufsbezeichnung	28	30	30	33	33	Maxi 35
L/B/H, mm	4963/2050/2254	4963/2050/2254	4963/2050/2522	4963/2050/2254	4963/2050/2522	4963/2050/2269
Radstand, mm	3000	3000	3000	3000	3000	3000
Ladevolumen, m^3	8	8	9,5	8	9,5	8
Leergewicht, kg	1895	1895/1910	1925–1945	1895–1950	1925–1980	1968
Zuladung, kg	905	1145/1130	1115–1095	1445–1390	1415–1360	1532
zul. Achslast v/h, kg	1550/1570	1630/1650	1630/1650	1750/1900	1750/1900	2100/2400
zul. Gesamtgewicht, kg	2800	3040	3040	3340	3340	3500

Anmerkung: L3 nicht als Kastenwagen erhältlich

Karosseriedimensionen (Kasten, geschlossen)

Version	L5 Hochdach	L5 Superhochdach	L5 Hochdach	L5 Superhochdach	L5 Hochdach	L5 Superhochdach
Verkaufsbezeichnung	35	35	Maxi 35	Maxi 35	Maxi 40	Maxi 40
L/B/H, mm	6363/2050/2539	6363/20502779	6363/2050/2534	6363/2050/2774	6363/2050/2534	6363/2050/2779
Radstand, mm	4035	4035	4035	4035	4035	4035
Ladevolumen, m^3	15	17	15	17	15	17
Leergewicht, kg	2073–2128	2103–2158	2095–2128	2125–2158	2140–2155	2170–2185
Zuladung, kg	1427–1372	1397–1342	1405–1372	1375–1342	2030–2015	2000–1985
zul. Achslast v/h, kg	1850/2000	1850/2000	2100/2400	2100/2400	2100/2400	2100/2400
zul. Gesamtgewicht, kg	3500	3500	3500	3500	4170	4170

140 Multijet 3	150 Multijet	160 Multijet	160 Multijet 3 Power	180 Multijet Power	180 Multijet 3 Power
F1AGL4113	F1AE3481E	F1CE0481D	F1AGL112	F1CE3481E	F1AGL4111
seit 2020	2011–2020	2006–2011	seit 2020	2011–2020	seit 2020
Diesel	Diesel	Diesel	Diesel	Diesel	Diesel
Einspritzung	Einspritzung	Einspritzung	Einspritzung	Einspritzung	Einspritzung
(Common-Rail)	(Common-Rail)	(Common-Rail)	(Common-Rail)	(Common-Rail)	(Common-Rail)
Turbolader	Turbolader	Turbolader	Turbolader	Turbolader	Turbolader
mit LLK	mit LLK	mit LLK	mit LLK	mit LLK	mit LLK
4, Reihe	4, Reihe	4, Reihe	4, Reihe	4, Reihe	4, Reihe
2184	2287	2999	2184	2999	2184
83,8/99	88/94	95,8/104	83,8/99	95,8/104	83,8/99
dohc	dohc	dohc	dohc	dohc	dohc
16	16	16	16	16	16
103 (140)/3500	109 (148)/3600	118 (160)/3500	118 (160)/3500	130 (177)/3500	132 (180)/3500
50 (mit Automatik:	350/1500	400/1600	380 (Automatik:	400/1400	380 (Automatik: 450)
380)/1400–2500	(2016: 380/1500)		400)/1500	(2016: 400/1500)	/1500–3000
L2 Flachdach	L2 Hochdach	L2 Flachdach	L2 Hochdach	L2 Flachdach	L2 Hochdach
30	30	33	33	35	35
5413/2050/2254	5413/2050/2524	5413/2050/2254	5413/2050/2524	5413/2050/2254	5413/2050/2524
3450	3450	3450	3450	3450	3450
10	11,5	10	11,5	10	11,5
1935–1955	1960–1980	1935–1990	1960–2015	1953–2008	1978–2033
1105–1085	1080–1060	1405–1350	1380–1325	1547–1492	1522–1467
1630/1650	1630/1650	1750/1900	1750/1900	1850/2000	1850/2000
3040	3040	3340	3340	3500	3500

Motoren

Verkaufsbezeichnung	140 Natural Power
Typenbezeichnung	F1CE0441ACNG
Einsatzzeitraum	seit 2006
Krafstoffsorte	Benzin/Erdgas
Gemischbildung	Saugrohr-Einspritzung
Aufladung	keine
Zylinder	4, Reihe
Hubraum, cm^3	2999
Bohrung/Hub, mm	95,8/104
Nockenwelle	dohc
Ventile pro Zylinder	16
Leistung, kW (PS)/min	100 (136)/2730
Drehmoment, Nm/min	350/1500–2700

Karosseriedimensionen Auswahl (Kasten, geschlossen)

Version	L2 Flachdach	L2 Hochdach	L2 Hochdach	L4 Hochdach 1	L4 Hochdach 2
Verkaufsbezeichnung	Maxi 35	Maxi 35	Maxi 40	33	33
L/B/H, mm	5413/2050/2269	5413/2250/2539	5413/2250/2539	5998/2050/2524	5998/2050/2764
Radstand, mm	3450	3450	3450	4035	4035
Ladevolumen, m^3	10	11,5	11,5	13	15
Leergewicht, kg	1975–2008	2000–2033	2045–2060	2010–2065	2035–2090
Zuladung, kg	1525–1492	1500–1467	2205–2160	1330–1275	1305–1250
zul. Achslast v/h, kg	2100/2400	2100/2400	2100/2400	1750/1900	1750/1900
zul. Gesamtgewicht, kg	3500	3500	4250–4220	3340	3340

Anmerkung: L3 nicht als Kastenwagen erhältlich

L4 Hochdach 1	L4 Hochdach 2	L4 Hochdach	L4 Superhochdach	L4 Hochdach	L4 Superhochdach
35	35	Maxi Van 35	Maxi Van 35	Maxi Van 40	Maxi Van 40
5998/2050/2524	5998/2050/2764	5998/2050/2534	5998/2050/2774	5998/2050/2534	5998/2050/2774
4035	4035	4035	4035	4035	4035
13	15	13	15	13	15
2028–2083	2053–2108	2050–2083	2075–2108	2095–2110	2120–2135
1472–1417	1447–1392	1450–1417	1425–1392	2155–2140	2130–2115
1850/2000	1850/2000	2100/2400	2100/2400	2100/2400	2100/2400
3500	3500	3500	3500	4250	4250

Anmerkung: L3 nicht als Kastenwagen erhältlich

pro mobil
Europas größtes Reisemobil-Magazin
Unterwegs zuhause
Ihre Unabhängigkeitserklärung – lesen Sie in promobil alles über Reisemobile vom Campingbus bis zum Luxusliner, über Urlaubsziele und Stellplätze. Jeden Monat NEU!
Besuchen Sie uns unter www.promobil.de
Neuer Profila
Viel Mobil fürs Geld
Knaus Van Wave
promobil digital
Auch als App
Am Kiosk. Und für Besteller!
promobil-Bestellservice, Telefon 07 81/6 39 66 59,
E-Mail promobil@burdadirect.de,
www.promobil.de/heftbestellung,
oder ganz einfach QR-Code scannen
4,70 € inkl. MwSt. zzgl. 2,00 € Versandkosten

02 | 2021
outdoor
REISE-SPECIAL
MAGIC PLACES
60 Outdoor-Touren abseits des Trubels
PLUS: ÜBER 100 TREKKING-CAMPS IN DEUTSCHLAND
DEUTSCHLAND
Geheimtipps fürs Mittelgebirge
ALPEN
Wo die Berge noch einsam sind
SKANDINAVIEN
Traumtreks in großer Landschaft
WANDER-INSELN
Sonnige Pfade auf Korsika, Mallorca & Co.

Impressum

Recherchen und Texte
Thorsten Elbrigmann, Lars Jakumeit, Christian Steiger, Thomas Wirth

Redaktioneller Dienstleister
CHEKANDINO MEDIA, Mannheim

Scans
Jürgen Müller, MARCHIVUM Mannheim

Bildnachweis
AL-KO, Alpine, Alusteck, Bearlock, Angelo Bianchetti, Brink, Bürstner, Caratec, Caravaning Industrie Verband e.V. (Titelmotiv), Andrea Ceccarelli, Dethleffs, Dometic, Archiv Fiat Professional, Historics Auctioneers, Hobby, Hornbach, Hymer, Instagram (Screenshot), Karmann/Eura Mobil, Knaus Tabbert, La Strada, Linnepe, Christian Marquart, Motorpresse Archiv, Christian Herb, Claus Jotzo (tourismusbeitrag-so-nicht.de), Motorbuch/ Bucheli, Gudrun Muschalla, Hardy Mutschler, Plugvan, Racechip, Reimo (Screenshot), Sawiko, Thomas Starck, Thule, TÜV-Verband, Archiv Christian Steiger, Sunlight, Vanillaicedream (Screenshot), VB Air Suspension, Winnebago, Weinsberg, Wim Woeber,

Grafische Gestaltung und Layout
Jörg Weusthoff, Weusthoff und Reiche Design, Hamburg

Einbandgestaltung
Luis dos Santos

Druck und Bindung
Conzella, 85609 Aschheim-Dornach
Printed in Germany

ISBN 978-3-613-04411-1

Postfach 103743, 70032 Stuttgart.
Ein Unternehmen der
Paul Pietsch-Verlage GmbH & Co. KG
1. Auflage 2022

Thomas Wirth / Christian Steiger
Die Leidenschaft für altes Blech führte sie vor über 35 Jahren in einem vorderpfälzischen Kleinstadt-Gymnasium zusammen, und beinahe so lange arbeiten sie gemeinsam, auch wenn sie längst in verschiedenen Ecken Deutschlands zu Hause sind. Zahllose Autobücher haben sie seit 1989 realisiert, einige Standardwerke sind darunter. Christian Steiger war viele Jahre Blattmacher in großen Medienhäusern, Thomas Wirth arbeitete stets frei. Beide haben in den vergangenen Jahren viele Kilometer in Ducato-Cockpits verbracht – zugegebenermaßen meist in Reisemobilen verschiedener Hersteller.

Danke
Die engagierte Unterstützung durch Stellantis hat dieses Buch erst ermöglicht. Insbesondere danken wir Sascha Wolfinger und Markus Hauf (Stellantis Presseabteilung).

Darüberhinaus haben uns viele weitere Menschen geholfen und mit Informationen unterstützt. Wir danken besonders Riki und Martin Steca sowie Manuel Herrmann (Rikis Wohnmobile, Schifferstadt), sowie Florian Wieland (Auto Wieland, Ludwigshafen am Rhein).